U0396975

数学文化名著译丛

作为文化体系的数学

[美] R·L·怀尔德 著

谢明初
陈慕丹 译

华东师范大学出版社

Mathematics as a Cultural System，1st edition

RAYMOND L. WILDER

ISBN：9780080257969

Copyright © 1981 Elsevier Ltd. All rights reserved.

Authorized Chinese translation published by East China Normal University Press.

作为文化体系的数学 谢明初，陈慕丹译

ISBN：978 - 7 - 5675 - 9067 - 0/G. 12000

译者序

20 世纪 80 年代以来,数学文化研究在我国数学界和数学哲学界悄然兴起。进入 21 世纪后,随着新一轮中小学数学课程改革的启动,它又获得数学教育界的高度认可,并成为数学教育研究的热点话题。在教育部颁布的《普通高中数学课程标准(2017 年版)》中,要求把数学文化融入课程内容,标志着数学文化走进中小学课堂。

关于数学是文化的观点,中国学者很早就有论及。例如马遵廷 1933 年在《数学与文化》一文中提出了"数学和文化互为函数"的观点;陈建功 1952 年提出"数学教育是在经济的、社会的、政治的制约下的一种文化形态";殷海光在上世纪 60 年代认为欧几里得几何学、纯数学都是文化;李大潜 2005 年提出"数学是一种先进的文化,是人类文明的重要基础"。① 2002 年 8 月 20 日,丘成桐接受《东方时空》的采访时说:"由于我重视历史,而历史是宏观的,所以我在看数学问题时常常采取宏观的观点,和别人的看法不一样。"这是一位数学大家对数学文化的阐述。

关于数学文化研究,国内外已有的著述可分为三类:

一类是基于数学与社会的互相作用的数学文化研究,以克莱因(Morris Kline, 1908—1992)为代表。代表作品有:《西方文化中的数学》(1953),《数学:一种文化探索》(1962),《数学与知识的探求》(1986)。克莱因的工作侧重于对数学与各种文化及社会因素之间相互作用的现象的描述,进而分析数学文化的特征,其中提供了大量具体案例。由于国内学者的大力引介,使得克莱因的数学文化观点和成果在中国影响很大,处于主导地位。

另一类是基于数学哲学和数学社会学的数学文化研究,以郑毓信为代表。其代表性著作《数学文化学》(2000),试图从数学哲学和数学社会学的视角构建数学文化学的理论体系,在国内诸多学者的研究中独树一帜。

---

① 代钦.释数学文化[J].数学通报,2013,52(4).

　　第三类是基于文化人类学的数学文化研究,以怀尔德(Raymond L. Wilder,1896—1982)为主要代表。怀尔德曾任美国数学会主席,在数学文化方面有两部重要著作,即《数学概念的演变》(1968)和《作为文化体系的数学》(1981),是迄今为止最具理论价值的数学文化专著。① 他在前一本著作中提出了数学发展的 11个动力和 10 条规律,在后一本著作中进一步总结出 23 条规律。怀尔德注重建立数学文化学的理论体系,关注数学发展的内在文化机制,也较为重视哲学层面的分析,具有较浓厚的思辨色彩。他充分借助数学史研究的已有成果,同时又运用文化人类学的视角和方法审视一些重要的数学历史现象,获得了一些十分重要的结论。②

　　这两本书的特色和创新点表现在:

　　• 并非是一般的数学史著作,毋宁说是借数学历史题材,提出了认识数学的一种新方法。把数学当成一个文化体系,而不仅仅是整体文化的一部分,为数学发展史上的很多奇怪的现象(如多重发明、数学的可应用性等)给出了一种合理的解释,这并非是能从哲学或心理学的角度给出满意回答的。

　　• 论及数学文化现象,传统的研究更多探讨数学与社会的相互影响,或者探讨数学对社会发展的影响,或者反过来探讨社会对数学发展的影响。而怀尔德把数学看成是独立于整体文化的子文化,这就深刻揭示了数学有自身内部发展的规律:遗传张力、结合张力对数学发展起着非常重要的作用。

　　• 尽管人们对数学史的兴趣不断增长,但是传统的认识是基于亚哲学(sub-philosophical)或前哲学(pre-philosophical)的,而怀尔德关于数学是一种文化体系的观点是很长时期以来第一个成熟的数学哲学观。怀尔德的思想可以看成是戴维斯和赫什的人文数学哲学观的先驱,为理解后期建构主义数学观奠定了理论基础。

　　• 首次把文化人类学的观点引入数学文化研究,打开了从静态数学哲学观向动态数学哲学观转变的认识通道。数学知识是一种文化传统,数学研究活动具有社会性。人们可以用社会科学的方法去研究数学家,从而也就可以用这种方法去说明数学本身。

---

① C. Smorynski. 数学:一种文化系统[J]. 数学译林,1988(3).
② 刘洁民. 数学文化:是什么和为什么[J]. 数学通报,2010,49(11).

· 怀尔德把数学文化看成是一种不断进化的物种。在他看来,希腊数学并没有因为穆斯林数学的诞生而死亡,而是数学从希腊人之手转移到穆斯林人那里去了,并且在不同的文化张力的作用下,改变了发展途径,以适应新的环境,沿着新的方向发展了。这从文化的角度肯定不同民族的数学,即现在所称"民族数学"(ethno-mathematics)对数学研究与发展的意义。

《数学概念的演变》和《作为文化体系的数学》是两本姊妹篇,虽写于不同的年代,但学术思想又一脉相承。前者是后者的基础,后者是前者的继承和发展。这两本书,不仅为我国数学文化研究提供了西方的视角,而且为建立数学文化学体系提供了理论框架。由于数学文化向数学教育渗透是数学教育的发展趋势,因此翻译这两本书对我国数学课程改革的深入发展也具有非常重要的现实意义。

在翻译过程中,华东师范大学出版社李文革副总编提出了宝贵的建议并给予热情的帮助,在译稿即将出版之际,我要对他表达敬意和谢忱!

谢明初

2018 年 11 月 2 日于华南师范大学

前　言

本书提出了认识数学及其历史的一种新方法。这种方法的合理性可以通过已经从经验上升为理论的现代科学的任何一个分支加以证实。在论及经验活动时,使用"真理"(truth)这一术语是较恰当的。确实,一些鸟在冬天飞往南方而在夏天飞往北方,但是,各种理论[①]在解释这一行为时却并不是站在同一角度上。如果一个行为看起来符合某条原理,那么这一原理就可以看成是这一行为的解释,但是我们却不能因此而把这条理论当成"真理"去解释其他的行为。物理学的理论(例如"大爆炸"理论)更能够说明这一点。长期以来,牛顿的经典宇宙观一直被看成是绝对真理,现在我们知道,它只不过是一种理论,这种理论甚至不能解释一台精密仪器的操作过程。

同样,本书提出的认识数学的方法也不是绝对的。不过我坚持认为,把数学当成一个文化体系,为许多异常现象提供了一种解释方法,这些异常现象迄今为止还没有获得哲学或心理学的满意解释。当然,从文化学的角度去审视数学的发展,并不是削弱数学家在数学发展中的地位,同生物学的进化论一样,它也并不忽视人类自身对进化的意义。这种方法是否还原数学历史的真实画面,不是我(也不是他人)刻意要追求的。然而我认为这种方法确实为数学的发展给出了一种合乎逻辑的解释——我期望我的这一观点能够得到部分读者的认同。

我还希望本书不至于被当成一部讲述历史的著作,像作者的早期著作《数学概念的演变》(*Evolution of Mathematical Concept*,简写为"EMC")一样。书中引用的历史事件仅仅为举例说明或理论证明之用。我不认为"演变"与"历史"是同义词,即使许多人是那样认为的。有时候一个历史事件被反复引用,这是因为这一事件的各个不同侧面可以为几种不同的理论提供依据。我所收集到的并非是

[①] 如有的学者认为鸟的这一行为受遗传基因的控制,而有的学者则认为这是地球产生的磁场在起作用——译者注。

第一手资料，我引用的文献都是普通读者很容易能找到的。

这里并不要求读者在阅读本书前先熟悉《数学概念的演变》一书，但本书在编写过程中有时也参考了该书。《数学概念的演变》一书的结构与本书大致相同，但本书试图进一步做周密的处理。本书所引用的数学史料不仅不局限于《数学概念的演变》所涉及的范围，而且在该书中引入的颇显粗糙的概念（如结合、遗传张力）在本书中将得以具体分析并将更加明确地与数学发展联系起来。然而，本书并不只针对数学专业的读者，虽然某些特殊的数学概念可能不为一般的读者所熟悉，但是略去这些部分并不会影响对全书的理解。当然，社会科学家和哲学家应该能够阅读和理解这本书，尽管有些读者曲解了《数学概念的演变》的部分内容，但值得庆幸的是许多哲学家和社会学家似乎都对该书有了一定的了解。

最后，我还要向我的女儿——人类学家贝丝·迪林厄姆（Beth Dillingham）教授致谢，是她鼓励我写这本书并以批判的眼光阅读了本书的手稿。当然，本书出现的任何错误概由我自己负责。

R·L·怀尔德

圣特巴巴那加利福利亚大学

1980 年 6 月 22 日

目　录

第一章　文化与文化体系的性质

"……科学的全部工作似乎都是基于科学经验逐渐揭示的一系列层面而完成的。"

——克罗伯（A. L. Krober，1952：121）

一般来说，数学家（或自然科学家）群体对社会科学都不怎么感兴趣，甚至有的人还对社会科学持有一种偏见，在一些出版刊物上还经常有人发表文章，声称社会科学在明眼人看来不过是一些显而易见的事实。

然而，稍微深入地分析就不难发现，数学家在看待人类行为领域的成果时过多地使用了"显然（obvious）"这一词语。拥有异常天赋的数学家对自身所处的社会环境的反应是非常敏感的，也正因为这样，他们习惯于把自己的观点看成是一些简单明了而无需做出进一步解释的事实。

当然，可以为这种观点辩解。与流行的看法相反，现代数学家并不是那种对自己的精神文化生活毫无察觉、知识面狭窄的专家。众所周知，他们一般都热爱音乐并且常常能够熟练地进行演奏（数学与音乐之间的关系一直是一个诱人的课题，迄今为止还没有获得完美的解释），他们热爱艺术、喜欢文学、关心社会、热衷于政治事务。不过，他们轻视操作、不善言辞，即使在同事面前也谦虚地隐藏自己的其他才能。他们的创造力只有在数学领域才得以表现。然而遗憾的是，数学家们在理性认知上的优越感反而阻碍了他们在社会科学上的发展。提到社会科学的进展，几乎没有人不提到文化概念的发现，它不仅迅速解决了围绕不同民族和不同国家之间的棘手的问题，而且还可以作为一种适用于自然科学、社会科学的所有领域的研究工具。根据演变的概念，我们可以把人类生活方式与其他生命形式区分开来。即使在类人猿那里，也存在着某种形式的文化，因此我们通过演变的程度来区分人类文化的各种形式。人类文化从原始狩猎部落的形式演变到今天文明社会的形式只用了短短几千年的时间。

对数学家来说,也许更重要的是他所处的文化对他所从事工作的影响,并且,正如在我早些时候的著作[1]中试图指出的,这种认识代替了模糊的直觉,可以深刻地影响数学家对问题的选择以及他的工作态度。

我们可以以罗素及其他人试图把数学建立在逻辑上为例。在早期数学研究中隐含着这样一个基本的假设:即在分析问题时使用的逻辑本身都是绝对的、无可争辩的。直到后来,当人类学家和数理逻辑学家发现了不同的逻辑时才意识到,原来他们使用的逻辑,只是某一种文化的产物,并非每一种文化的必要组成部分。

最初对"文化"这一术语的理解还不到位。它包含了太多的内涵,当它与新的词语搭配时——例如像"欧洲文化"这一术语,作者是否真正理解了这一术语的涵义都值得怀疑。在这种情况下,"文化"这一术语通常只表现作者的个人见解。当然,在不同情境中"文化"一词代表着不同的内容,例如"绅士文化"与"平民文化"就是两个有显著差别的术语,因此通常只有依靠上下文才能理解这一术语的涵义。任何一个作者在使用这一术语时,为了不引起误解,他首先必须确切把握这一术语的涵义。甚至对人类学家来说,他在利用"文化"术语描述一个基本的概念时也同样如此,因为毕竟关于"文化"的特征是什么并不是所有人都能达成共识。

因此,最重要的是,我们在写文章的时候,想要使读者获得对"文化"概念的理解,我们就应该在表述这一概念的确切意义上下功夫。我本人不仅从实践中意识到这一点,而且还认识到仅仅做简单的、随意的解释是远远不够的。

1. 文化产物的演变

暂且避开"文化"的定义,让我们首先考虑文化的某一成分,特别是这一成分演变的过程。

设 P_1 代表一个人,这个人偶然遇见一只鸟(记为 B),这只鸟引起了他的兴趣,于是他决定进行更进一步的观察。我们假设 P_1 是头一次见到这只鸟。出于对 B 的兴趣,P_1 开始去描述 B 的某些特征。经过一段时期的观察,他得出了关于

---

[1] 例如怀尔德,1953 年,第 425、439、445 页。

鸟 B 的某些结论。把观察到的鸟的某些特征以及 P_1 对这只鸟总结的某些结论综合在一起,我们把它记为 Q_1。

设 P_2 代表另一个人,这个人与 P_1 素不相识,他也观察 B,并且也给 B 总结了一些特点和结论,于是,我们把 P_2 观察到的鸟的特征及其得到的结论综合起来记为 Q_2。这样,我们得到如图 1-1 所示的一个示意图,其中两条线段分别指向由观察者 P_1、P_2 所总结的 Q_1、Q_2 两个部分。

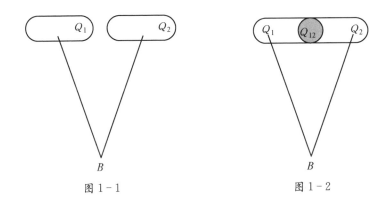

图 1-1　　　　　　　　　　图 1-2

再假设 P_1 和 P_2 后来相识了,并且各自表明自己曾经观察过 B,随后他们交换了各自得到的结论(即 Q_1、Q_2 的内容)。这一情形我们用图 1-2 表示,其中阴影部分表示 Q_1 和 Q_2 的相同部分,即 P_1、P_2 关于 B 的特征和结论相一致的看法,并且用 Q_{12} 表示它。当然,他们的观点也有可能完全一致或完全不一致。

还有这样一种可能,即通过 P_1、P_2 二人的讨论后,他们关于 B 的看法会逐渐达成某种共识甚至最后完全一致。不论是什么情况,我们都用 Q_{12} 来表示他们的观点相同的部分。

其中重要的一点是,Q_{12} 作为 Q_1 的一部分不再为 P_1 所独有,而是由 P_1、P_2 共同享有,关于 P_2 与 Q_{12} 的关系也有类似的结论。

继续下去,我们还可以在图中引入 P_3,P_4,$\cdots$,P_i 等人,并且假定每次只增加一人。我们把他们关于 B 的看法的共同部分记为 $Q_{12\cdots i}$。到了一定阶段,一旦人们达成了一个新的共识,那么就需要对 B 及其行为做新的表述。尤其要将不同观察者的结论予以公开发表时,定义新术语更是必不可少。这个时候,对 B 的讨论主要通过发表期刊文章来进行,直到有关 B 的问题得到完全解决才停止,或者这些问题转变成为普遍研究的问题。在任何情况下,都将提出一个关于 B 的综合

性的结论 Q（它可能是 $Q_{12\cdots i}$），随着岁月的流逝，Q 将成为那些研究 B 的人的一部分共同遗产。简言之，由 Q_1，Q_{12}，$\cdots$，$Q_{12\cdots i}$，$\cdots$ 演变而来的 Q 现已经成了一个文化产物。

我们现在可以发现 Q 不单是某个 "P_i 研究者" 的个人观点，它不易受到个别研究者观点的影响。在众多研究者取得新的共识之前任何一个观察者的意见都不能增删 Q 的内容。随着时间的推移，这些研究者都相继去世，于是 Q 打上了 "传统" 的标签，并成为关于 B 的公认的资料信息，对后来的鸟类专家的研究提供参考。一句话，Q 已经是一个真正的文化产物，但这并不意味着它就不能发生任何变化，不过这需要征得鸟类学研究团体的同意并最终为这个团体所接受。这以后它便呈现出一种文化的特征。

显然，上面的叙述可能太简略，它没有充分展现出文化成分演变的一般方式。例如，P_1 可能是一位数学家，B 是 P_1 发现的一个新概念，P_1 决定对其研究成果进行发表。假设 P_1 发表后某一数学家团体 G 对此特别感兴趣，那么这一研究成果就可能被接受，通常这意味着 B 在 G 的在建体系中找到了适当的位置并因此成为一种文化产物。

对于鸟 B 也可能出现另一种情况。假设 P_1 是一个现代鸟类学家，P_1 可能发表关于 B 的一系列的观点 Q_1 以引起鸟类研究团体的注意。这时候，P_2、P_3 和其他鸟类学家可能会把 Q_1 与自己得出的结论对比，于是，在鸟类期刊上便会出现关于 B 的研究的争论。最后，这个综合体 Q 将成为这个时代的鸟类学的权威资料。

2. 文化的构成

一个特定社会（如一个民族或一个国家）的文化并不仅仅包括鸟类学家、数学家以及其他科学家的发明创造。就现代社会中的一般人来说，他的文化是由他的信念、偏见、与人相处的方式以及从事他的工作需要的知识等组成的一个集合体 C。与新知识的获得（像上面描述鸟类学家和数学家的情况）不一样，这个集合体 C 并不是由他本人发明或发现的，大部分在他出生前就已存在，他通过与其他人接触沟通获得了这些知识。在幼年时期便跟随年长者学习，从做人做事到宗教信仰，再到计数，逐渐形成了自己的价值观。他的信念、价值观、常识等组成了他判断的标准。简单地说，也就是世界观（用 W 表示）的形成。对大多数人来说在以后的生活里，将一直恪守自己的世界观，除非他们的思想异常开放，愿意去评估并有选择地接受某些与他原本的世界观 W 不一致的思想观念。

正是这一事实，使得社会变革存在巨大的困难。当前在美国强烈呼吁男女平等，尤其在工资上平等，甚至还扩大到允许空军招收女兵。然而，做父母的，屈从传统的文化压力，不得不对男孩子和女孩子灌输不同的世界观，使得他们成年后能够符合具有性别差异的文化习俗。于是，要实现真正的男女平等就变得更加困难。同样，早期教育中对宗教信仰的反复灌输对以后变革也造成了重重阻碍。早期数学训练也常常以类似的方式建立起了数学的绝对真理观，无疑，这也是柏拉图主义的思想根源。

在《数学概念的演变》一书中，我把文化定义为："风俗习惯、道德标准、宗教信仰等文化元素的集合体，由一群有着相同社会背景的人所拥有，比如同属一个原始部落、地理位置毗邻、有着相同的职业等。"在文化的组成成分中，我们应该把"语言"也包含进去，尤其是当它成为凝聚一个民族世界观的有力工具时更是如此，下面我们将进行详细说明。

举个例子，假定 P 代表某个特定民族的成员，比如说代表所有的中国人。什么是他们的文化呢？当我们说文化是这些人的"风俗习惯、道德标准、宗教信仰等组成的一个综合体"时，我们是否也包括一群特殊的中国人（比如说中国绅士阶层）的信仰呢？尽管这些人的信仰与大多数普通中国人的不一样，但回答依然是肯定的，因为只要他们存在，他们的信仰就是中国文化的一个组成部分、一个文化要素、一个文化细胞（Wilder，1975：9）。

假设我以前从未去过中国，而现在打算去那里做一次旅行。我会从中国人那里了解到一些中国文化，我可以通过观察公共场所（街道、宗教集会等），以及通过阅读报刊和图书馆藏书等（假设我已经熟练掌握中文）来充实这些内容。然而，应注意到，我所接触到的东西（甚至包括图书馆的藏书）都属于一些个体的行为和信念。如果我决定成为一个中国公民，我自己的观点和信念也将成为中国文化的一部分，甚至我在美国形成的世界观也将会纳入到中国文化中。当然，对一个加入了美国国籍的有中国血统的人来说，他们世界观也同样成为美国文化的一部分。

然而，最重要的一点就是，在一个群体中，尽管他们的思维方式彼此看起来是相似的，但任何个人都不会拥有该群体的全部文化，这是一个简单的道理，因为个体差异取决于遗传和早期的环境，不存在世界观完全相同的两个个体。群体文化是个体世界观(甚至包括那些"精神失常的人"的世界观)的总和。

3. 文化是交流体系中各成分的集合

然而,文化并不是各个成分的一个简单的堆砌,这就像只有机轮、齿轮还不能构成一台机器一样。机器的每一个齿轮都以一定的方式与其他部分相联系。这种联系在机器的总体设计中就体现出来并通过齿轮与机器其他部分的接触发生作用。在文化中,也有类似的关系,它发生在文化的个体之间,我们称之为交流。

文化中的交流以符号为基础——建立在人类拥有的符号系统之上,这使得人们能够启用命名的机制(naming function)。特别是当遇到一个以前从没有见到的物体时,就给它一个名称,以后这个名称就特指此类物体。这一过程经常发生在数学、一般科学及工农业生产中。带有新名词的论文在不断问世,非实物性(例如概念)的名称也在不断出现,于是我们埋没于抽象的思考之中。符号的出现不仅仅可给新事物命名,几何图形如三角形、正方形也是符号,它对习惯于直觉思维的人有着非常重要的意义。

但是,我们使用的名称中,大多数都不是我们自己命名的,早在我们出生前它们就已经存在。对我们来说,最重要的符号是标志牌(signs)。例如,作为一个群体,如果每一代人都要对每一事物或现象给出新的名称,这是不可想象的。通过研究近几个世纪以来英语的演变过程,以及从古拉丁语演变出法语、西班牙语、意大利语的过程可以发现,在一个相当长的时间内,名称和词汇都发生了变化,但是,其演变过程十分缓慢以至于对一代人来说几乎察觉不到,并且这种变化通常不是由某一个人来决定的。

通过研究语言书写符号的演变历程,哲学家和语言学家能追溯若干世纪以来语言的演变历程。既然语言是交流的工具,它就不可能一成不变,文化交流不可避免地导致语言变化,即使在单一的文化背景内也是如此。因此,考虑到语言的变化,词典编纂者必须把所选的词汇限制在一定的历史时期内。比如,牛津英语词典[①]做出始于1150年的限制,就是出于这一点的考虑。

有必要引用上述牛津词典的引言中的一段话:

---

① 参考牛津大学 1971 年出版的《牛津英语词典》简缩本。

现有的词汇的范围和构成都不是永恒不变的，一个世纪前的词汇不能完全保留到现在，再过一个世纪后能保留下来的将会更少。现代词汇的构成成分正在缓慢地发生变化。"旧的单词"会因过时而被淘汰，新的词汇将不断产生。大部分没有被纳入现代英语中的古代英语词汇早已消失，其中不乏关于科学、哲学、诗词的词汇。并且旧的语法规则已被调整至适用于现代词汇，因此我们主要收录公元 1150 年到现在的词汇。

语言是文化交流的基础，借助于它我们可以更加清楚文化的构成，个人所拥有的文化（如信仰、习俗、语言等）在通过与他人沟通的过程中发生改变，然而语言的变化只是文化变化中的一部分，因为这种变化往往不是个人层面上的，所以我们将其归为"文化"层面。马可尼发明了无线通信，莱特兄弟发明了飞机，亚历山大·格雷厄姆·贝尔发明了电话，这些无疑对文化的变革起到了重要的作用。

马可尼的发明是否有麦克斯韦和赫兹的功劳呢？莱特兄弟的发明是否与奥托·李林塔尔和兰勒有关呢？为确定贝尔的电话发明权曾打过一场著名的官司。[①] 虽然对每一项新的发现或创造，所谓的"发明者"就是在整个发明创造中完成了关键性的一步的人，但从整体上来讲他的发明不仅有赖于他人的观点，而且更重要的是得益于他所处的文化所起到的推动作用。事实上，发明是文化成就的集合，发明者只不过总结了前人和同辈人的智慧，虽然我们说他的确起了关键的作用，但是这不过是一个主观判断，因为整个发明过程的每一个步骤都同样重要，都直接关系到最后的结果。

在个体与他所处的文化之间的关系问题上，人类学家的回答存在很大分歧，一些人声称是个体创造了文化，另一些人认为是文化创造了个体。后一种观点是基于文化对个体的价值观起决定性的作用的认识，前一种则是考虑到了新概念、发明等通常是由个体做出的，即基于个体对文化所做的贡献的认识。

现在我们讨论一下所谓"伟人（great man）"的概念。根据这一概念可推断，文化的演变乃是因"伟人"的发明创造（精神的、物质的）所致，"伟人"的出现属于偶

[①] "最终结果取决于亚历山大·贝尔和以利沙·格雷发表录音的间隔。"——克罗伯（Kroeber, 1917：200）

然事件。不过,现在这一观点已经被否定。已有证明发现,具有"伟人"潜能的人在任何时代都是存在的,不过现在还不能够用生物遗传理念和选择规律来解释每个时代天才人数的巨大差异。然而可以肯定,天才的成功取决于文明的发展程度,即一方面已经形成成熟的文化结构,另一方面这种文化的内在潜能尚未开始枯竭。因此,时势造英雄,他们的成功不仅仅取决于自身的能力,更取决于时代的发展。

比方说,在数学中,如果正值创立一门新的学科的时期,那么这对于年轻的学者就是一个极好的机会。当一个大学毕业生选择研究生院时,首选的导师是已获博士学位的资深数学家,当然,还应该考虑导师的研究方向,而一旦导师研究的领域已经发展到相当完整的程度,几乎没有什么新的研究课题时,即使是善于启发引导的导师也难以激发进一步探究的灵感。①

对于文化的存在,人们已有一个普遍的共识,就像科学家一样,尽管普遍认同自然现象的存在,但对它的性质却仍有不同的认识。从自然科学的观点来看,更可取的是采纳一个本身能够为文化事件作出最好的预测和提供最好的解释的文化理论。没有任何科学能够成功地建立起一个能够解释所有自然现象的基础的哲学,不仅对物理学、化学、生物学等自然科学是如此,对数学也一样。那些把数学看成是建立在绝对真理的基础上的人只不过没有发现数学的基础是摇晃的基石罢了。像人类学家对文化的性质的看法一样,数学家对数学性质的看法存在很多分歧,然而,这并不妨碍数学在各个领域中的应用。同样,既作为一种解释理论又作为一种预测工具的文化也在社会科学中发挥着它的作用。

物理学家也许并不知道组成一个物理实体的成分究竟是什么,但是他们能够对它进行观察并建立起重要的理论,特别是,没有任何人会怀疑实体的存在性或把一种理论解释成形而上学的东西。因此,我们不能因为它与我们的行动和信念的密切联系而否认文化是一种存在,并将其认为是一种形而上学的东西。文化作为一种超有机体的东西,对人们的信仰、行动及态度产生极其显著的影响。在过去的一段特定的时间里,曾经禁止美国白人中的男子戴耳环,却又允许美国印第

---

① 当然,处于这种情况下的学科领域有可能还会焕发活力,这将在后面进行讨论,特别是在第五章涉及结合的概念时。

安人这样做,①我们将这一现象称之为"文化",后来似乎发生了变化,美国白人中的男子也开始戴耳环了。我们知道任何个体都无法凭借个人之力改变这个习惯,任何试图这样做的人都会被奚落、被嫌疑。就我本人来说,我也知道自己作为社会中的成员之一为什么会持有某种信念,遵循某种习俗。我们在文化熏陶下长大,现在作为成年人生活在其中,对这种文化,先是有所耳闻,后来才慢慢领悟其中的意义,让我逐渐改变了自己的某种信念(如对数学性质的认识)。

演讲者是从哪里获得他的演说词的呢? 发明家又是从哪里获得激发其发明的思想源泉的呢? 答案是: 在他们所处的文化背景中。如果要问他采用了文化中的哪些成分,演说家、发明家却回答不上来。要回答这个问题,他必须从文化整体上思考,构成他们认识基础的每一个概念只有与整体联系才会有意义,此外,这些复杂的概念的集合体又通常无法用某一明确的语言描述。

我们的信念、习俗、行为、技术已经凝聚成一个聚合体,它的成分的起源,已消失在没有文字记录的历史中。即使是对大部分发明都是在有文字记录的历史时期里完成的数学来说,也包含着由数学家使用的逻辑、②数学民间传说、关于优先权的非文字规则,以及"发表"成果的方式方法(几个世纪以来随着出版新技术的出现已经发生了变化)和奖励制度等组成的传统。由于一般的数学家对其学科的历史知之甚少,因此,在评价他的成果时必须考虑当时的数学传统。数学传统与数学理论本身一起构成数学文化,它是一般文化的子文化,数学家就生活在这种文化之中。这种文化具有与一般文化同样鲜明的特征,作为一个超有机体运作时也像一般文化那样有成效。

把文化视为超有机实体不仅具有实践上的意义,而且也具有理论上的意义。这个超有机实体的发展,就像作为它的组成部分之一的语言一样,遵循自身的规律。对一种文化的理论的最后评判不应该是看它是否适合某个人对现实的信念,而是看它是否能成为有效的解释手段和预测工具。③ 一般说来,个体是无法改变文化的发展方向的,只能加快或减慢文化发展的进程,可以说个体是文化发展中的催化剂。翻开历史,可以找到这方面的许多例子。

---

① 我国少数民族彝族至今仍然保留这种习惯——译者注。

② 我们这里指的是数学家当时研究采用的逻辑,并非现在的形式逻辑或数理逻辑。

③ 例如选择公理,既然已经认为它独立于集合论的公理之外,那么关于该定理判定的标准应取决于其所起的作用,而并非取决于任何的哲学基础。

作为成年人,我们主要通过阅读报纸、杂志、书籍以及通过人与人之间相互交往来体验文化的存在。在相互交往的过程中,每个人都会有某种先入为主的准则。这种准则一旦消失,社会就会发生混乱,对此,原始人一般以征服的手段来予以调和,征服者要求被征服者遵守某种准则,并按某种特定方式来行事,一旦这些条条框框被打破,就会引发暴力冲突。

然而必须指出的是,并非在所有情况下数学都是一般文化的子文化。正因为如此,不论是在古巴比伦,还是在古埃及,都不认为数学是"子文化",而认为它只不过是当时的一个文化成分。

一个文化成分本身是否可以被看成一种文化(即一般文化的子文化)是一个难以回答的问题。据我所知,有关人类学的文献,至今还未涉及此问题。一般说来,诸如妇女俱乐部、大学校友会等社会组织不足以称为一种子文化,但是,像共济会或者美国民主党的章程能否称为一种子文化呢? 这些问题已超出本书所讨论的范围。本书关注的是数学在什么时候能够从文化成分转变成这种文化的子文化。如今,普遍认为数学已经成为一般文化的子文化。如前已指出的,它既有自身的历史传统也有自身发展的规律。一个文化成分要成为这种文化的子文化,至少具备以下几个条件: 第一,它具有自身的历史传统,必须独立地存在于一般的文化传统中;第二,它要有自身的发展规律,至少在一定程度上符合一般文化的发展规律。

必须强调指出的是文化的另一个特征——时间积累(time-binding)。人类和其他生命形式之间的一个明显差异是前者的认识是不断积累的,前辈的知识在新一代人的手里得以继承和发展。文化就是以这样的途径演变和发展的。

4. 作为文化体系的数学

这是一个进一步的理论构思,是在参考现代人类学家怀特(L. A. White)的著作(White,1975 年)的基础上提出来的。

首先让我们回顾一下所谓的"数学之树",它能够形象地描述出数学结构。其将数学表示为这样的一个树状图: 其根部代表数学的基础,而树干和树枝则代表数学各个分支,而大分支中又包含小分支。例如图论是从其母学科——拓扑学中分离出来的,因而图论是拓扑学分支中的一个小分支。

在 17 世纪以前,树状图是非常有用的,因为当时的数学只有代数和几何这两个主要分支,公理体系和逻辑构成数学的基础。然而,自从 17 世纪笛卡尔和费马将代数和几何统一起来从而创立了解析几何后,"树状"结构便开始崩溃。后来,对数学逻辑的基础的研究不仅产生了根部和分支相结合的方法(例如布尔代数),而且产生了有助于解决各个分支内的问题的新的根基(例如,集合论中的连续问题、Souslin 问题等)。这一情况的出现不仅使得树状结构无法表示数学的发展模式,而且还强调了数学各分支的相互联系,例如数学基础与最新拓扑学理论的相互渗透。

当然,无论以何种方式去审视数学发展的过程都会面临一个问题——如何准确地定位某一数学定理。例如,应该把欧拉的多面体定理当成经典几何的基本定理还是像现在这样把它看成是拓扑学的基本定理? 当然,应当允许表示方式具有一定的灵活性,我们即将采用的怀特的文化表示系统就具备这种灵活性。

怀特在他的文化理论中把文化实体想象成向量系统,其中每一个向量则表示一个具体类型,如文化中的农业或宗教、石油化工、机械制造、教育等。每一向量根据需求再进行划分。例如,代表宗教整体的向量,可分为若干代表具体宗教教派的子向量。在关于是否要将祷告引进普通学校教育的争论中,更好的是,把宗教机构的整体当成一个向量,而在其他情况下,每一种宗教可以被看成单独的一个向量。

每一个向量,像在力学中一样,既有大小,又有方向。大小可以以一种提问的方式衡量,如涉及多少人? 分配的资金总量是多少? 而方向则代表支持或反对。

在我们今天的文化中,一个重要的向量是科学,包括理论科学和应用科学。其往往在公共媒体中出现,如作出"科学已经表明这一点"、"是科学主导了文化的进程"这样的论断,就涉及这一向量,我们可以将它分解为物理、化学、人类学、心理学、数学等子向量(有时候,一个学术团体的分支机构也可以被看成向量,他们往往在一些讨论学术课题的院系会议上发挥作用)。

为了我们的目的,我们把数学看成是一般文化的子文化。它不是成"树状"结构的,而是一个向量系统。几何、代数、拓扑分别是其中的向量。还可以按数学权威刊物《数学评论》所划分的学科门类来建立向量系统。我所希望勾画的是这样一个向量系统:其中每一个向量都有不断延伸的趋势,通过思想观念的互相渗透,不同的向量之间有着紧密的联系,有时还会出现新的结合,这个结合按其自身的特点发展形成一个新的向量,而基础向量不再位于任何"一棵树"的底端,它与其他向量一样也在不断发展。

向量的确定有赖于所研究的问题性质。就现在而言,向量的确定将受年代顺序的制约。我们将数学的演变看成是贯穿在历史进程中的向量序列。当然,我们在这里忽略了一些细节(尤其是一些较早期的数学史)而主要集中在中世纪和现代历史时期。这样就能把数学看成是向量系统的一个有序的系列,在向量系统中每一个向量都在以各自不同的速度发展变化着。在一个时期内,几何向量发展神速,而同时其他向量的发展又异常缓慢甚至处于停滞阶段;在另一个时期代表分析学的向量又开始加速发展的步伐;到了现代,集合论向量又从分析学中分离出来,如此等等。同样的理论结构还可以应用于其他的学科,对此也会有类似的观点。

每一个向量在产生自身力量的同时也会受到外部力量的影响。这种外部力量往往来源于其他向量或外部文化。前面已经提到了"渗透"现象,即一个或多个向量的性质会渗透到另一个向量之中。在数学中一个主要的力量就是克罗伯所称的"潜能(potential)",但因为它是从先辈那里继承来的,所以在这里我们更倾向于把它称为"遗传张力(hereditary stress)"。事实上,遗传张力有多种表现形式,例如概念张力就是其中的一种。复数一开始被发现的时候是不被世人所承认的,但是随着历史的发展,它最终还是找到了它在数学中的位置,这就是概念张力作用的结果。学科地位是遗传张力的另一种表现形式。一门数学分支的发展最后可能会成为所有人(包括研究生)所要追赶的浪潮。这几点在以后的章节中还要做详细地论述。①

5. 文化和概念的演变

大多数文化,尤其是现代文化,随着时间推移,其习惯、习俗都不断地发生改变。一个社会里的老一辈人对年轻人的生活方式总持有异议,这无疑体现了文化的变革。我们可以通过研究期刊上发表的论文感受到现代科学特别是数学科学

---

① 从本质上讲,这一说法替代了所谓的"一般系统理论",该理论已被一些人类学家应用于文化模式的研究中。这一说法的成效如何尚能确定,可参考 1978 年罗丁(Rodin)等人的小组报告。

的不断发展,这种发展促进了我们所谓的"文化的演变"。

我们有必要把某些具体的变化实例与文化形态和模式的变化区分开来。或更一般地说,我们应该把通常理解的历史与演变区分开来。比方说,一个人可能提到"亨利八世王朝的历史",但却很难说清"亨利八世王朝的演变"。当然,可以通过一个特殊的历史事件来说明"作为政体的国家的演变"。按习惯说法,历史是一个特殊化(particularizing)的过程,而演变则是一个一般化(generalizing)的过程。

说得更确切一些,历史是一个记录(record)——按年代顺序对过去的事件的记录以及关于历史事件的评论(如事件因果关系)。而演变则是一个变化过程——从一种形态结构向另一种形态结构转变的过程,这一过程通常由某种力量所激发,而这种力量的特性则依赖于有关文化的形态结构。

我们利用"文化的历史"这一术语来表示对具体文化事件的记录,而通过"文化的演变"这一术语来理解一种文化的形态或结构所经历的变化。数学,作为一种文化,也往往被人们从历史的角度进行审视。同时数学也发生了演变,这一点在《数学概念的演变》一书中曾经强调过,这种演变就像生物进化一样,它归结于各种作用力,而关于数学的演变过去却普遍被忽视了。

尽管我们承认历史与演变的区别,但我们无意要把二者决然地分开。特别是当描述某个特殊事件的变化时,譬如说,在微积分的历史发展中,指出推动发展的演变力量和演变模式是非常有意义的。用演变的观点来看待历史常常会获得一种新的认识。

在讨论文化的概念对历史的贡献时,人类学家夏皮罗(H. S. Shapiro, 1970; Chap. 2)对这一点作了精辟的论述。如一个民族或一种文化在受到军事强大的民族的长期压迫时所作出的反应通常遵循一种经典模式,即所谓的传统宗教的复兴。他举了爱尔兰由于长期受英格兰的压迫最终爆发了著名的天主教的复兴(维持到今天)的例子。犹太人受到长达几个世纪的压迫仍然保持了他们的宗教信仰,美国西南的一些部落在被西班牙人征服后仍强烈地尊奉着他们的传统宗教。

对这一模式的认识增进了我们对历史发展的理解,它为今后预测类似的事件提供了参考。① 我们特别关注文化演变的两个方面:第一,前面引证的在夏皮罗

————————

① 夏皮罗以殖民主义的形式,根据从母文化分离出子文化的文化反应分析了美国政府宪法形式的发展。他对美国本土艺术和科学发展早期滞后现象的解释极具启发性。

的著作中举例说明过的文化变化模式,这种模式在《数学概念的演变》一书的最后一章中也得到说明。第二,关于促进文化发生革命性变化的力量,如渗透、遗传张力(详见《数学概念的演变》)。

在数学中,我们要研究的是概念的演变以及作为文化实体的数学的演变和历史。一般说来,借助某个概念的演变过程,我们能够理解一种文化模式的变化,尤其是那些由各种需求导致的文化变化。例如,现代数学中"函数"的概念,在采用现代定义方式以前,出现了各种不同形式的定义,其中有的是不同的思想派别斗争的结果,有的则是在某种需要的基础上被抽象出来的。所有这些变化以及产生变化的原因加在一起作为一个整体可以被称为函数概念的演变。于是我们可以把"历史"这一术语理解为是对演变期间发生的事件的记录,例如,达朗贝尔(D'Alembert)、欧拉(Euler)、伯努利(John Bernoulli)关于弦振动问题的讨论,傅里叶(Fourier)在三角级数中所做的工作以及享克尔(Hankel)、狄利克雷、黎曼、魏尔斯特拉斯等人对三角级数所做的贡献。

我们在概念的发展过程中使用的"演变"同生物学中物种变化过程中使用的"进化"术语的意思基本接近。例如,马的进化和马的历史是不一样的,马的进化主要描述马如何从马的原始祖先演变成现代形式的马,马的历史通常记录的是各个时期马在世界各地的分布以及为人类所利用等方面的情况。同样,人类的历史和人类的进化也是有区别的。然而,应该注意的是,文化演变的思想并非起源于生物学。正如赫伯特·斯宾塞(Herbert Spencer)在其著作中所指出的,演变思想最初针对的是社会学和文化学的理论。

第二章　数学的演变中可观察到的文化模式的实例

无物能由无中生，无物能归于无。

——卢克莱修（Titus Lucretius Carus）

　　文化的概念是一个超有机的实体，它有其自身的发展规律而不为主观意志所转移，我们可以通过数学演变过程中表现出来的具有预见性的规律来刻画文化的概念。在第一章中我们对语言的演变做了相关阐述，在第一章第5节中还介绍了夏皮罗针对爱尔兰和美国的历史所总结出的一些规律。

　　在本章，我们将在数学和科学领域列举出关于其演变的文化模式的一些实例。其中表现出来的规律性以及行为模式的优越性为解释文化体系的运作提供了有力的证据。我们以一个问题的形式来结束本章（§12），似乎可以从文化概念中找到关于这个问题的答案，然而这只是简单地解释了文化的运作方式而已。

　　我们以重复发现或发明现象的讨论作为本章的开头，原因之一是这种现象还未从数学角度加以考虑，同时也是为了研究的完整性，另外还考虑到部分读者还尚未关注这一现象。[1] 几个世纪以来，它被一些细心的学者发现，在各个知识领域一致引起了关于优先权的无休止的争吵以及对剽窃的指责。[2]

---

[1] 关于重复发明的有趣讨论，可参见威特（Whyte，1950）；关于该现象更多学术上的讨论可参见默顿（Merton，1973：Part 4）以及怀特（White，1949：205-211）。

[2] 在克罗伯（A. L. Kroeber）1917年的经典论文中，他提及了1845～1846年间有不少于4个人几乎同时发明了麻醉药物，"他们的发明都是独立完成的，却惊人地相似，甚至在细节上也一样。关于发明的优先权已争论了多年，产生了不少怨恨"。

1. 多重发明

数学中典型的多重发明要数莱布尼兹（Leibniz，1676）和牛顿（Newton，1671）。尖锐的争论已经众所周知，在这里无需重复，读者可以详细参考任一部较为完整的数学史。

波尔约（Bolyai，1826—1833）、高斯（Gauss，1829?）和罗巴切夫斯基（Lobachewski，1836—1840）发明了非欧几何。[①] 这个问题从希腊人提出开始直至最终解决，期间竟长达 20 个世纪。为什么会持续这么长时间？而萨凯里（Saccheri）又为什么会失败？这些问题都可以从文化的角度来得到满意的解释。当然，在 19 世纪中叶"天才的聚集"的出现也决非偶然。

纳皮尔（Napier-Briggs，1614）和比尔奇（Burgi，1620）发明了对数，勒让德和高斯发现最小二乘法原理，普吕克、彭色列、格高尼提出二元几何原则，这些史实可能都鲜为人知。

这些可以通过发生在数学各个分支中的广为人知的事件得到进一步的说明。例如，熟悉拓扑学历史的拓扑学家都知道，在 1914 年发生了著名的哈恩-马祖凯维奇（Hahn-Mazurkiewicz）重复发明事件，这一时期交战国家的科学家之间曾一度中断联系。这个事件说明，尽管政治形势的重要性高于一切，但数学文化仍在继续向前发展。[②] 类似地，20 世纪三四十年代，人们预言同调论将要推广到一般的空间上去，结果的确发生了，并且产生重复发明现象。

默顿等人指出，重复发明的出现是规律而不是意外。它不仅发生在数学中，而且还发生在一般科学中。当一个文化体系即将发明出一个新概念或新方法的时候，[③]可以预测，将会出现不止一个科学家能够独立完成这项发明。当然，可能会出现剽窃，并且也已经出现过，但这只是例外，而不是规律。

[①] 关于这个案例的讨论可以参阅柯立芝（Coolidge，1940）。柯立芝认为，"数学史上令人惊奇的是，在不同的时期，不同的人独立地讨论过相同的结论"。当然如果在文化的基础上考虑这个问题，那么就不会有什么奇怪的了。

[②] 例如空间填充曲线的发现、一般空间中局部连通性的引入，以及夫立（Schoenflies）对平面中连续曲线的描述。

[③] 通俗地说，就是这个概念还悬而未决。

科学家特别是数学家,在争取出版的优先权的争论中都默认重复发明这一事实。而且也已经充分认识到,最初的发现,尤其是在一个重要且飞速发展的领域,通常都不是由单个人来完成的。

2. "天才的聚集"

狭义地讲,重复发明事件就是所谓的"天才的聚集"。这是一种由于多个科学家共同参与,以至于出现的发明创造"井喷"现象。这些科学家成绩显赫,往往以天才著称。这种现象的一个解释就是基因上的偶然性使这些"潜在的伟人"出生在同一时代,后来这些"伟人"利用其非凡的才智造成了这个现象的发生。

遗憾的是,我们所知的遗传学观点并不支持这一解释。或许我们可以参考第一章第 3 节中克罗伯所研究的问题以及我们关于"伟人"的观点。给人印象最深刻的就是下面出自于现代人类学家怀特的一段话:

在文化的进展中,个体仅仅是思想文化发展的神经介质(在细菌生物学的意义上),也就是说,在文化的进展中,人的大脑充当一种催化剂。没有神经组织,就不会有这一进展。只有人的神经系统的机能才使得文化要素的相互作用和重新组合成为可能。诚然,个体的作用与单纯的催化剂、避雷针或某些介质所起的作用有所不同,一个人的大脑与另一个人或一些人的大脑相比,可能是更好的介质。因此,数学文化进程仅仅选择了一部分人而不是其他人的大脑作为其表达的介质。

在不断综合、互动的文化进程中,一定存在着智力上相当的大脑。假如缺少文化元素,就算出现超级大脑也无济于事。基督诞生的 10 000 年前,在诺曼底人征服时期的英国,或者英国其他任何一个历史时期,一定也有像牛顿一样聪明的人。我们所知道的化石人、史前英格兰人,以及人类的神经解剖学都证实了这一点。在原住民美国或黑暗的非洲,也存在着与牛顿一样好使的大脑。但是,因为缺乏必要的文化元素,在这些地方或这些时代没有产生微积分。相反,一旦具备了文化元素,发明就是一件不可避免的事情,甚至同时发生在两个或三个独立的神经系统中。就像一个英明的将军,他领导的军队战无不胜,一个数学或其他领域的天才,在他的神经系统中发生了重要的文化综合,那么在文化史中他们就是划时代事件的核心人物(L. A. White,1947:298-299)。

当然,本世纪数学研究成果的繁荣并不是由于生物学上的偶然,而是因为新领域的倍增(尤其是从二次世界大战以来),新大学和图书馆的建立使学习变得越来越容易,现代技术为知识的传播提供了越来越多的机会。

3."超前"现象

科学史上曾经有一些概念和思想,在一开始出现时并不引起科学家们的注意,但是过了几年被其他研究者重新发现时,才意识到它的重要性并将其应用到相关领域。在遗传学中,典型的例子是孟德尔,他所发明的理论一开始并不受到重视,直到发明后的将近 40 年的时间才被不少于 3 位研究者重新发现,理论的重要性那时才显示出来。

数学中一个极好的例子是射影几何的发展。射影几何最初是由笛沙格在 17 世纪初创造的,但后来却被遗忘,直到 19 世纪才被彭色列(Poncelet)等人重新发现。[①] 在这种情况下,最有效的解释方法就是把数学看成一个文化体系,它由一些具有大小和方向的向量组成,这时,代数和几何向量的互相渗透催生了解析几何。与此同时,文艺复兴时期画家、工程师、绘图师的射影方法又进一步促进了几何的发展,于是将射影方法应用于纯几何中则成为了明显的发展趋势。正如我们稍后将看到的,这种趋势为突破以笛沙格(法国建筑师、军事工程师)为代表的局面提供了条件。然而,由于某种原因(在这里我们不展开说),笛沙格和他的伙伴(特别是帕斯卡)所付出的劳动终归落了空。不过,正如上面指出的,在 19 世纪初期这个局面终究还是被成功打破了。

一般说来,超前现象是一个文化向量的出现被另一个较为强大的向量所掩盖的结果,尔后,在一个更适当的时机,这个向量最终被认可并在有关科学中取得了长足的发展。正如后面第六章将要清楚说明的,原始动力可能来源于个体,该个体对其经验和知识进行独特整合,进而成为一股促进认知发展的文化力量。

———————————

① 在第六章我们将详细介绍这一细节。

4. 数学的文化滞后

　　文化滞后即一种文化没有被接受或采用,长期一直为人类学家和社会学家研究和讨论。这与个人的拖延、保守主义有些相似。对个体来说,要克服这种拖延(仅仅只涉及一个人)往往是能够做到的。然而,就一种文化而言,这就比较难解决了,最近试图将美国文化转变为公制的努力就为我们提供一个极好的例子。这一变化可以带来很多好处,也没有出现很多反对的呼声。然而,目标似乎还未能实现。

　　文化滞后作为一个普遍现象具有人类学家所称的"存在价值"。一种足以颠覆宗教信仰、政府机构、社会分工、财产、饮食习惯、生活方式、伦理道德的文化极具不稳定性,其若与更稳定的文化进行竞争则并不具备优势(Kroeber,1948:257)。

　　数学中文化滞后的现象并不在少数,其中较典型的要数计数方法。希腊字母数字,即所谓的"爱奥尼亚数",提供了一种不错的计数方法,这些数字由 3 个古体字母组合生成的希腊字母构成,并带有音调的修饰符号,易于使用,对日常生活中的一般的计算是够用的。尽管希腊人知道其他的数系如巴比伦的位值制以及后来的印度-阿拉伯数字比爱奥尼亚数系更适用,但是爱奥尼亚数系不仅在整个希腊时期通行,而且还一直延续到 15 世纪前的东罗马帝国(Struik,1948:I,79)。值得注意的是,笨拙的罗马数字在罗马帝国灭亡后的很长一段时间里仍然一直保留着。[①] 经常引用的一个故事就是 1299 年在佛罗伦萨对商人协会的成员颁发了条令,要求他们停止使用印度-阿拉伯数字而重新恢复使用罗马数字。

　　将一些文化滞后的现象描述为"文化抵制"可能更为贴切,尤其是当拒绝革新时更是如此。尽管新的方法表现出了明显的优点,但还是被拒绝使用,这一现象在数学上并不少见。虽然大陆已经采用了莱布尼兹的符号,然而,牛顿的积分符号在英国还是持续了很长一段时间,这就是由于民族自豪感而产生"文化抵制"的例子。

　　可以预料,一旦数学中提出的新概念违背了关于数学存在和数学现实的主流

---

① 这里所说的是罗马数字的日常使用。

观念,它们从一开始就会遭到排斥。"虚数"或"复数"长期遭到抵制和回避的例子,在科学史家的头脑中仍记忆犹新。① 关于康托尔超限数的斗争也是如此,一开始人们甚至反对康托尔本人的哲学信条,但是,为了解决将一个函数表示为三角级数的问题,人们才被迫去承认它。②

5. 思维方式、数学实在与数学存在

关于这个课题,特别是从哲学的角度的探讨,人们已经做了大量的研究工作,也产生了各种不同的结论。我们不打算对已经提出的所有不同的哲学进行阐述,而是想把注意力集中在两个或三个例子上。

当然,"柏拉图主义"在数学中已有立足之地,在很多情况下它几乎成了"数学理论"。这种主义认为,数学存在于一个理想世界之中,它已准备就绪并等待研究者去发现。例如,"数"就已经存在于这个理想世界之中,即使还有很多数(无限多个)从未被引用过。或者考虑一个公理系统,特别是欧几里得几何的公理系统,虽然在这一体系上发现了大量的定理,但是我们还是可以说"仍然存在一直未被发现的欧几里得几何的定理"。③ 这些都符合柏拉图主义哲学观,当然,我们并不能确定欧几里得几何中未发现的定理一定多于已发现的定理。同时,也还要看到,即使那些不信奉柏拉图主义甚至对柏拉图主义持否定观点的数学家,在他们的日常活动中也俨然是一个柏拉图主义者。比如,一个不信奉柏拉图主义的数学家问他的同事:"你认为存在一个具有这种性质的函数吗?"那么无形中他也成了柏拉图主义者。一个人认为某些命题可能存在反例,于是他花几个小时或几天的时间去研究,那么他也是柏拉图主义者。

著名数学家克罗内克(Kronecker)有句名言:"整数似乎是上帝创造的,其余

① 克罗(M. J. Crowe, 1975)用这一事例以及希腊人对不可通约数的拒绝案例说明了他的第 2 条规律:"很多新的数学概念,尽管在逻辑上都可以被接受,但是出现时都会受到抵制,只有经历了一段很长时间才能够被接受。"

② 参考克罗的规律 1。

③ 虽然很多数学家认为欧氏几何已经很完美,但仍有数学家专门研究它,并时不时提出一个从未被提过的定理。摩尔利定理就是其中一个有趣的例子,可参考 1967 年奥克利(C. A. Oakley)、贝克(J. C. Baker)考克斯特(Coxeter)和格雷策(Greitzer)及 1979 年克莱(Klee)的论述。

的一切都是人造的。"①乍一看，它的哲学观与柏拉图主义相近。然而，克罗内克坚持认为只有那些在自然数基础之上经过有限的方法构造出来的数学实体才是可接受的。因此，克罗内克的数学只接收了代数数，而不是任意实数，在随后由布劳威尔(Brouwer)发展的"直觉主义"形式中，②数学存在与构造主义中某种约束形式联系起来，这一形式否定了很多现存数学的有效性。也许刻画"直觉主义"以及构造主义的最好方法，是把它们称为"做的数学(mathematics of doing)"，它们只承认数学中那些可通过构造得到其结构的数、函数的存在性。③

　　一个人的数学实在观往往离不开特定的文化背景。这对于早期的数学史来说是非常明显的，当时数学只是由一些计数方法以及计算长度和面积的基本的几何公式组成。如同查尔德(Childe, 1946：102)在观察早期巴比伦的算术和几何的规律时曾提到的，"它们简直就是应社会发展的需要而产生的产品"。文化及其需要决定了后来采用的数学概念的形式。只有当数学成为专门的学科，有专门的人员在现存数学内容的基础上从事发明研究，并已不局限于外部需要时，关于数学实在性的问题才开始出现，尤其是无穷大和无穷小的概念被提出以后。这就像一个人太渴望自由而导致自己与现实离得太远。在连续运动的研究中，数学的理论起到了重要作用。为微积分设计的符号系统尤其是莱布尼兹公式，在哲学上似乎解释不通。不过，人们还是继续使用微分和高阶微分，因为它们得出了力学和几何学的结果，尽管它们缺乏必要的基础，但是看起来它们还是足够合理的。然而，由于受欧几里得传统的影响，数学已变成一个逻辑科学，通过无意义符号给出正确的结果，似乎是不合逻辑的。作为理性主义者的人们自然而然想搞清楚其中的缘由。

　　当数学分析中的一些问题迫使19世纪的数学家如康托尔和戴德金创造了实无限的概念(详见第7节)，特别是合成概念的过度扩展导致了逻辑矛盾的时候，

---

① 根据贝尔(E. T. Bell, 1951：3)的说法，这句话不应该当真，这只是一次饭后的谈话。汤姆 (R. Thom)也说到："这句名言更多的是揭示了他的过去，即他是一名通过金融投机而致富的银行家，而并非揭示其哲学见解。"

② 关于布劳威尔的数学发现可以参见德累斯顿(A. Dresden, 1924)、怀尔德(Wilder, 1952：Chap. X)、海廷(Heyting, 1956)和布劳威尔的作品集(Brouwer, 1976)。

③ 实际上这不是指那些可以"手动"构建的结构，例如对于一个太大的数字我们是不可能通过这种方式来构建的，但其实任何给定的数字，无论多大，理论上都是可以构建出来的，虽然连最好的计算机可能都无法计算出这个数字。

对其中的"真实性"或存在性解释的要求就变得越来越强烈以致再也不能被忽视了。结果出现了一系列关于数学的哲学问题,即数学哪些部分是"真实的",更重要的是哪些部分可以在一致性的限制要求内发展的问题。人们可能会说,根据柏拉图主义来进行的"真实"数学研究,恰好与数学家们将来要达成的观点一致。然而,部分是基于当前趋势,部分是基于计算机应用和理论的日益增长,这种一致可以采用建构性数学的形式。另一方面,非标准分析正在为莱布尼兹理论的现代形式以及很多强大且简明的证明方法提供足够的根据,相信在不久后的将来这些理论将会被接受。①

关于这些问题,不论将来会发现什么,毋庸置疑的是我们所涉及的实际上是文化。有人认为"数学是人造的"。没有什么理由不把数学纳入文化纲要中去,因为就像政治机构、宗教、习俗等一样,数学是人们为达到目的以及自己智力上的满足感而创造的文化产物。② 数学的文化逻辑观不仅可以帮助理解各种数学哲学,而且还可以促进文化力量的发展,而这些文化力量曾经主宰并控制着数学的演变。

6. 数学概念不断抽象化

一旦一个文化体系固定下来并有长足的进展,那么进一步的抽象就不可避免。这可以当作一条文化规律来看待,而且并不局限于科学体系。例如,起源于"寓言神话"的宗教体系起初采用简单的规则和仪式,随着宗教的发展,逐渐采用更加抽象的"神学理论"以适应社会的各种复杂需要。又如,美国的政治体系随着时间的推移,变得更加复杂和抽象。对于各种哲学体系、法律体系,情况亦是如此。

现代科学包括数学的发展,抽象化程度都在不断升级。每一门科学,借助定义发展成理论,理论构成了科学的心脏和灵魂。甚至那些开始只是收集整理材料的科学最后也提出了针对发现成果进行解释的理论,正如前面指出的,对一门科学来说,"它的概念离外部现实越远,它对人类环境的控制就越成功",越是抽象的

---

① 在数学领域如拓扑学和现代代数中,非标准概念的作用有多大,现在还没有办法预测。

② 关于数学的文化本质最具说服力和科学性的论述可以详见 1947 年怀特发表的文章。

东西应用越是广泛。①

　　我有幸观察了数学中最重要的一个领域——拓扑学的发展,我几乎是从它的创立之初便开始观察。② 在它的进展过程中抽象化程度的不断升级(遗憾的是,我对演变的趋势还一无所知)使我感到十分惊讶。作为一门学科的发展,它的抽象程度越高,其实用价值也越高,应用范围也就更广泛,领域内早期一些具有特殊意义的结论也会发展得更深入、更完整。

　　这种现象为任何熟悉数学史的人所知晓。它不仅适应拓扑学,而且适应其他学科,是任何一门学科都具备的特征。现代代数学就是一个极好的例子。这个学科中抽象的概念在数学的所有分支(包括拓扑学)中都有应用,然而,令人惊奇的是,众多的数学家,甚至包括史学家都对抽象的不断升级表示过质疑。例如,库利奇在他的名著《一个几何方法的历史》一书中,在叙述了 Menger-Urysohn 的维数理论和冯·诺依曼的连续几何的课题后指出(Coolidge, 1963: 251):

　　　　很明显,我们是在对抽象几何、抽象代数、点集理论以及 20 世纪 20 年代后急剧发展起来的庞杂的学科作简略概述。关于抽象几何的进一步讨论可以参考摩尔(Moore, 1932)的著作。所有这些都与拓扑学的一般理论有联系。可以清楚地看到,如今一个使用几何语言的学说几乎可以独立于坐标、度量、数系而建立起来,不再依赖于空间直觉。我必须承认在我的大脑中仍然保留一些过时的疑问。我们离直觉空间越来越远。③ 另外,对某些数学家(包括我自己)而言要保持对一种看起来与具体问题或与我们所处的世界联系不大的数学理论的兴趣实在不容易。如果 S_4 中的线代表我们空间中的圆,而 V_4^2 中的点代表我们的线,那么在我们的大脑中自然而然就会得到一些结论。但是,抽象空间的一个理论足足有300④ 页长! 而实际上很多都是可以很容易得到的结论,无需那么多冗长的过程。

————————————

① 对比怀特海(A. N. Whitehead)的说法:"现在悖论中真正的武器是抽象化,它控制着我们对具体事实的想法。"(怀特海,1933; 或 1948: 34)

② 虽然 19 世纪下半叶最早的结论也称得上"拓扑学",但这一学科直到 20 世纪二三十年代才成为一门公认学科。

③ 集合论拓扑学家可能不赞同这一观点。

④ 库利奇指的是摩尔的书,该书一共 486 页。

从这一角度,我们提醒那些担心现代数学的抽象性会使数学脱离应用的人注意,抽象性必将给数学注入强大的力量,同时还将逐渐成为一些更为先进的姊妹学科(尤其是物理学)的概念的丰富来源(参考 Wigner,1960)。我经常引用冯·诺依曼的观点,"总的说来,在数学中,数学发现与数学应用之间存在一个时间间隙,这一间隙短则 30 年,长则 100 年以上。整个体系的运行似乎没有特别明确的方向,也不受到其用途的限制"(Von Neumann,1961)。其实那些最抽象的理论不仅是有用的,它们甚至还可以运用到物理学中去(如矩阵理论和量子力学)。

正是因为某个特殊领域的抽象性的不断升级才使得它在其他领域的渗透成为可能。例如,拓扑学就是这种情况。它的出现是作为几何的一个特殊领域,但是它在现代的抽象形式已经被其他数学领域采纳,用于扩充自身的理论体系,这样发展的最后结果就是现代的数学的进一步统一。

7. 新概念产生的必然性

值得注意的是在数学史中,有时不得不创造一些新的概念以挽救那些因为各种原因似乎不为人们所接受但却有用的符号或思想。我们把这一过程称为概念张力(conceptual stress)。最著名的例子是符号 $\sqrt{-1}$。符号 $\sqrt{-1}$ 是在解三次代数方程中出现的,并因为其"虚构性"而备受争议。后来为了得出每个 n 次代数方程($n \geqslant 1$)恰好有 n 个根的结论,才不得不给出了包括 $\sqrt{-1}$ 的复数的可接受性的定义。卡斯帕尔·韦塞尔(Caspar Wessel)与让·罗伯特·阿兰德(Jean Robert Argand)分别在 1797 年、1806 年对此给出了几何解释,后来高斯在 1831 年也发表了他的几何解释,虽然早在 1811 年他给贝塞尔(Bessel)的一封信中,就已经提到过这一结论。不久又给出了复数的代数解释:哈密顿(W. Rowan Hamilton)在 1837 年把复数 $a+bi$ 定义为由实数 a、b 组成的满足特定运算规则的有序数对(a, b)。

欧多克索斯(Eudoxus)的比例理论也是一个典型的例子,它的提出使得任意几何量的比较成为可能。在这个例子中,希腊人发现并不是所有的量都能表示成两个积分量的比,于是这推动了欧多克索斯比例理论的产生。这一个例子因其历史悠久而变得尤为重要。如果追溯到现代,那么类似的例子层出不穷。

康托尔在 19 世纪最后 25 年里引出"实无穷"理论(the completed infinity)就

是一个典型的现代案例。在这以前,实无穷的概念一般都不为人接受。正如高斯所指出的,"无穷"仅仅是"一个思考的方式",伽利略发现(1638)承认自然数"实无穷"也会导致荒谬的结果,即所谓的自然数的集合与所有平方数的集合中的元素在数量上是相等的。因为对每一个自然数,对应一个它的平方数 n^2,于是序列:1,4,9,16,…与自然数列:1,2,3,…一一对应,当然,这一结论对全体自然数成立。(可参考《数学概念的演变》)

同样引起争议的一个几何例子是一条线段上(设长度为 l)的点与这条线段的半线段上的点个数相等。事实上,如图 2-1,我们可以作一个等腰 $\triangle ABC$,BC 是底边,它的长是 l,DE 是两腰中点的连线,也即 $\triangle ABC$ 的中位线,DE 的长度为 BC 的一半。可以如下理解:设 P 是 BC 上的任意一点,连结 AP 与 DE 相交于 P',过 P' 作 AB 的平行线交 BC 于 P'',其中 BF 的长度等于 DE 的长度。以此类推,对 BC 上的每一个点 P' 就有半线段 BF 上的唯一一个点 p'' 与之对应,反之亦然。

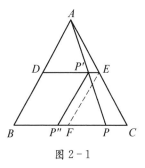

图 2-1

康托尔的贡献就在于给无限集合引入了数的概念,按照这一方法,看起来荒谬的结论显得十分自然而且易于被人接受。[①] 这一概念是一般集合论的组成部分,虽然集合论成功解决了数学分析中许多基础问题,但一开始却遭到了强烈的文化抵制,到后来因为它大大促进了现代分析和拓扑学的发展,才渐渐被数学界接受和承认。如果没有康托尔理论,很多研究者将无法做进一步研究,更别说学科发展了。然而,正如在 §5 中指出的,构造主义者试图修改经典集合论。康托尔思想的形成过程是除概念张力的作用外的另一种现象。

引证这类例子旨在说明,一旦数学的演变需要引入那些看起来荒谬或不真的概念,就会激发人们寻求适当的解释。关于数学中概念形成的过程,可以参考怀尔德(Wilder,§4a,1953)。

---

① 实际上,康托尔首先把实无穷作为解决一个关于无穷级数的函数表示问题的工具。换句话说,他并不是在玩游戏,而是为一个无法通过其他途径来解决的问题创造工具。

8. 数学中的选择

选择在自然界的表现形态,通过达尔文主义和植物现象的广泛讨论已是众所周知。但是应该指出的是我们在这里引入这一概念并非是从自然科学直接照搬过来的。数学中的选择形式可能与自然界的选择相同也可能不同,在大多数情况下它具有特殊的性质。

上面我们已提及到当前数学发展趋势,除了经典数学以外,还提到构造数学和非标准数学(§5)。当前大多数数学家不论是在教学还是在研究中,都使用经典方法和理论。可以设想,将来的发展要在数学基础的构造方法或非标准的方法,或者在还未提出的用以替代数学的经典形式的方法中做一个选择。这种选择似乎类似于达尔文形态的选择。

至今为止,还未有人类学家研究过文化体系中的选择问题,在达尔文的理论中,选择是以所谓"适者生存"来刻画的。虽然这一标准也可以用来解释数学中的一些选择,但在其他很多情况下就很难解释清楚了。例如,由所谓"顶尖的数学团队"提出的数学理论往往会比由个人提出的更有说服力,这一点可以通过格拉斯曼和哈密顿得到说明:哈密顿在 1843 年发明了四元数,格拉斯曼在 1844 年发表了《扩张论》,后者包含了类似于非交换代数的概念。然而当时,哈密顿不仅是都柏林三一学院的教授,而且因为他对晶体的研究,在 30 岁时就赢得爱尔兰皇家天文学家的头衔,而格拉斯曼当时不过是柏林一所中学的一名普通教师。皇家爱尔兰学院随即报告了哈密顿的研究成果,其成果得到了广泛认可,而格拉斯曼的成果后来才慢慢为人所接受。当然不可否认的是,格拉斯曼使用了一些晦涩的术语,使得读者难以阅读。很明显,如果要选择一个理论的两种表述方式,一种用清晰、习惯的形式表述,另一种用一套全新的语言,通常会倾向于选择前者。

就表意符号和术语来说,"顶尖数学团队"的价值就足以体现了,他们可能会很快认识到这一新术语的涵义及应用,因此在这种情况下我们不能简单将选择理解为"适者生存"。[1]

---

[1] 新术语的产生,除了自身价值外还要有外部环境的作用,例如专家团队的剖析使之为大众所知晓。

选择的理由各不相同。一般理论的选择首先主要是受作者的身份以及与他所属的科研机构的知名度的影响。从长远来看,它的生存主要依赖于它的数学意义,例如,对其他理论的用途,尤其是其对数学发展的推动作用,因此,就这一方面来讲,数学中的选择颇像生物界的选择。但我们很难将 π、e、i 等表意符号的存在性归因于"适应性(fitness)",其存在是因为欧拉(Euler)的声望以及他研究成果的重要性。在无穷过程的研究中,"分析(analysis)"这一术语之所以仍保留在数学的一个主要领域的名称中,主要是因为欧拉在《无穷小分析引论中》曾使用过。

当一个理论创造者需要新的符号来表示各种常数和涉及的各种变量时,可以推测他将选取在他的理论的发展中已使用习惯了的那些符号。如果理论本身生存下去,那么一般来讲选取了的符号也将继续被使用。另一方面,在英语论文中欧氏几何的点通常是由罗马字母 A、B、C 等表示,而直线通常用小写字母(如 l_1、l_2)来表示。而知晓经典逻辑尤其是类型论的人又通常把它颠倒过来,用小写字母 a、b、c 等表示点,而用大写字母 L_1、L_2 等表示线。

简而言之,选择通常是一个文化过程,是个体选择和文化选择共同作用的结果。

9. 悖论和矛盾的作用

悖论或矛盾的出现会导致新理论的提出,而新理论的目的在于消除这种悖论或矛盾,这几乎成了数学上的惯例。

传统上,数学中不能容忍矛盾的存在。[1] 如果已经发现一个概念或一个理论存在矛盾,那么对这一概念或这一理论的修正便会随之而来,甚至会删除这个概念或这个理论。在归谬法的使用中,如果一个命题的反面会导致一个矛盾的产生,那么可以认为完成了对原命题的证明。[2]

有时矛盾仅仅是表面上的,它来自于隐藏的假设。最典型的就是前面曾经引用过的自然数与平方数能建立一一对应关系的例子。这一类例子使得实无穷的

---

[1] 当然这是反证法的基础。

[2] 关于这一证明方法的修正(在某些情况下是完全拒绝)出现在数学哲学尤其是直觉主义中,参考第二章第 5 节。

概念产生了矛盾。然而,这个结论是基于这样的一种假设,即一个有限的集合不能与它的一部分建立一一对应的关系,当然这对无穷集合也同样成立。戴德金认识到,这个所谓的矛盾,只不过是无限集合的似是而非的性质,进一步,它可以用来刻画或定义无穷集合的性质。一个集合 S 是一个无限集当且仅当它存在这样的一个真子集 S_1,使得 S 的元素与 S_1 的元素可以建立(或存在)一一对应的关系。在 §7 中,我们已经描述了包含实无穷概念的康托尔集合论的发展。[1]

诚然,事后表明,集合论确实存在着矛盾。尽管还没有证明它在解决问题和形成新概念方面有多大用途,但这并不意味着要放弃这一理论。相反,对这一理论增加恰当的限制条件就可以避免矛盾的发生,粗略地说,如果这一理论仅适用于一些不超过一定大小限制的无穷集合,[2]那么矛盾就会消失。[3]

在工程中也经常发生类似的情况。如果一项发明不生效,即没有实现预先设计的目标,那么就对它进行修正。重型飞行器的历史是一个极好的例子。因此,可以预测,一个数学理论如果存在矛盾,或者因为其他原因没有实现其目标,可以通过反复修改使其最终达到目的。

自然,如果一个理论没有存在的必要性并且又存在着矛盾,那么它不可避免地要被淘汰,尤其是当这个矛盾无法排除的时候。在现存的理论的推广过程中,也有可能会发生这种情况。在数学中,尽管一个理论已被充分阐述,甚至是达到出版的水平,但一旦发现其中存在着无法消除的矛盾,这一理论就会被放弃。[4]

应该强调的是,当一个理论的必要性显而易见时,如果这个理论出现悖论或矛盾就会导致进一步的研究,要么对这个理论进行适当的修改,要么找另外一个

---

[1] 关于戴德金对康托尔影响的历史记载,可参考格拉顿-基尼斯(Grattan-Guinness, 1971)的文章。

[2] 对于非技术人员来说:在理论中无穷集可以有不同的大小是康托尔的基本发现。在明确意义下,直线段上的无穷点比自然数 1, 2, 3, …要多。

[3] 当然,之前从未发现过的新矛盾可能会出现,对集合论造成进一步限制。然而,目前的无穷理论已经应用到了知名的公理系统中(如"泽梅洛-弗伦克尔公理"或"冯·诺依曼-伯纳斯公理"),并且已经成功经受住了时间的考验,数学家们都相信当前的无穷理论不会出现矛盾。当然在哲学上拒绝无穷理论是另一回事。

[4] 最近的一个例子是米山(Yoneyama)在 1917 到 1920 年间发表了一篇关于不可分解连续性的论文,其中只有有限的组合。然而库拉托夫斯基(Janiszewski Kuratowski)在 1920 年证明每一个不可分解的连续体都有无穷多的组合。

理论来代替。无理数的发现和芝诺(Zeno)悖论背景下的希腊几何,是一个典型的案例。在上面引证的集合论的事例中可以发现,导致的结果就是以直觉主义、形式主义、逻辑主义的形式,以及通过对公理化方法的探索,对数学的基础提出一些新的看法。20 世纪 30 年代,各个数学专业继续按传统的方式进行研究,另一方面,在整个数学界普遍表现出对实现无矛盾性数学(包括集合论在内)学派的发展的兴趣,甚至连伟大的约翰·冯·诺依曼也参加到集合论的公理化发展之中去了,尽管他在计算机领域和核武器方面的成就已经公之于众(见上文已经提及的冯·诺依曼-伯纳斯理论)。[1]

10. 数学严密的相对性

局外人普遍认为,在数学领域内可以找到绝对真理,诚然,在数学界一定可以发现诸如“数学真理”、“数学确定性”的语句等,但是这是带有一定限制条件的。现在可以肯定的是,根据“真理”的本质意义,在市场中使用诸如 “$2+2=4$” 的公式是正确无误的,即在一个装有 2 个苹果的盒子里面再放进 2 个苹果,那么这个盒子里面一共就有 4 个苹果。就是说在特定的条件下这类公式的应用是正确的,然而当数学公式只限于数学理论时就会存在不同的情况。

拉卡托斯(Lakatos, 1976)提供了一个最典型的例子。他发表了一系列论文,对欧拉公式 $v-e+f=2$(这里 v 代表一个多面体的顶点的个数,e 代表边的个数,f 表示面的个数)给出了连续的证明,显示每一种情况都存在例外的情况。简而言之,尽管增加了公式所涉及的多面体种类的更具体的说明及相关证明,但仍存在一些其他的多面体不满足这一公式。而对每种证明来说在当时看来都是相当严格的。

这些例子以及其他一些众所周知的历史事件表明,数学中的“证明”是由文化所决定的,它具有相对性。某一代的证明结论可能不为后代的人所接受。每一代的数学文化都有自己关于证明的参照标准,因而某一时期为人所接受的数学可能过了一段时间就不被认同了。

通常断言数学的证明取决于逻辑,在理想情况下它可能是正确的,事实上它

[1] 关于“学派”起源的讨论读者可以参考克莱因的著作(Kline, 1972:Chap. 51)。

是错误的。分析一般的证明过程就会发现，证明中包含了数学性质的隐含的假设，而这些假设为当时数学文化所接受。典型的例子是欧几里得几何，许多世纪以来它一直被当成是严谨证明的典范。现在我们知道其中存在一些使得证明无效的几何假设，有时这些假设甚至导致定理出现错误。正如一些作者指出的，第一个定理的证明也是不充分的。① 随着数学的进展，这类隐藏的假设被揭示出来，最后要么被接受，要么被否定，通常是通过公认的方法对假设及理由进行分析。

例如，我们在分析学中非常熟悉的零点定理：如果一个连续的实函数 $f(x)$ 在两个实数 a、b($a<b$) 的取值一个为正，一个为负，那么在 a、b 之间一定存在一个数使得函数值为零。相应的几何解释就是：如一条线穿过另一条曲线，那么它与这条曲线必有一个公共点，这是分析学中长期用来证明零点定理的一个假设。然而，19 世纪的分析学认识到（波查尔、柯西），直线的连续性和实数系统的连续性需要慎重考虑（这个世纪最著名的数学家都参与到这一研究中）。每一代数学家都认为有必要去证明（或否认）前几代的隐藏假设。②

11. 数学学科的发展模式

早期，数学可以粗略地分为算术（包括数论）、几何、代数。③ 在古希腊时期三角学的出现，预示一个新的领域即分析学的形成。随着希腊文化的衰退，由于环境张力，数学演变出现中断。正如我们前面指出的，这个中断并不是因为缺乏有能力的数学大脑，而是因为作为一般文化的一部分，数学不可避免地随着文化的衰退而没落。

然而，伴随着 17 世纪牛顿和莱布尼兹的工作，数学创造活动开始复兴，尤其是在分析领域，一直持续到整个 18 世纪和 19 世纪。19 世纪初，随着彭色列（Poncelet）等人发现射影几何（详见第四章），以及微分几何和代数几何的产生，几何学开始复苏。这些新的领域的出现，使得现代数学的演变步入正轨，到 20 世纪

---

① 比如罗素（Russell, 1937：405 - 407）。

② 关于数学严谨性的讨论可参考怀尔德 1973 年第三卷，170—177 页。

③ 当然这是从现代的角度来看的。不同的文化和不同的时期，数学所包括的内容都会不一样。蒙特卡（J. E. Montucla）在 1758 年指出，早期的数学还包括我们今天所说的应用数学或工程学。

初,又出现了一批新的学科,到今天这些新的学科如几何和代数拓扑、群论、泛函分析、统计学、概率论等都已得到了进一步的发展。①

以上勾画的似乎可以看成是除了个别零星的间隔外,从古希腊到文艺复兴期间的一幅关于数学总体连续性进展的图景。这样处理的目的主要是为了尽可能使轮廓简洁。人类学家克罗伯对学科体系包括哲学、自然科学(包括数学)、语言学的演变模式进行了详细的研究,他没有发现这些领域的演变模式有任何本质的不同,通过对数学史的研究可能也会得出同样的结论。数学每一分支都建立在自己的演变模式之上,然而,即使各分支并不存在统一的演变模式,在历史进程中也存在一个占主流的演变特征。

例如我们考虑欧氏几何,其创造之初是为了满足农业、天文的需要,主要由长度公式和面积公式组成,直到它遇到危机(不可通约量的发现、隐藏假设的揭露)之前,欧氏几何一直在不断地发展。随着《几何原本》中公理化方法的引入它逐渐走向成熟。而到后来欧氏几何进入了瓶颈期,要发现一个新的定理变得相当困难,除了阿拉伯人得到一些零星的结果外,几何几乎处于停滞不前的状态。然而,它还留下了一些尚未解决的问题,诸如"化圆为方"、"倍立方体(德洛斯问题)"、"三等分任意角"以及平行公理(欧几里德的第五公设)等。古希腊后期,关于这些问题人们做了大量的工作,但都以失败告终,几何领域几乎没有取得任何明显的进展。

17世纪初,几何学开始复兴,由笛卡儿和费马发现的解析几何为后来的分析学家提供了十分有用的研究工具,正如前面已提及的,19世纪随着射影几何、代数几何、微分几何以及非欧几何的引入,几何学取得了巨大的进展。

几何学发展的一般模式是这样的:起初,它的诞生源于实际需要和天文学,然后进入一个自我发展的关键时期,直至它成为一门成熟的学科。受环境条件影响它在间隔一段相当长的时间后以一种全新的方式开始复兴,一方面它与数学其他领域相结合,另一方面还出现了经典的射影几何、非欧几何。

现代集合论的发展与几何学的发展有相似之处,它起源于19世纪关于实分析的基础问题研究,尤其是康托尔和戴德金的研究,而非起源于数学外部的需要。

---

① 例如,可以参考《数学评论》杂志的专业列表,该刊物出版各种数学领域的论文摘要。

大约在 20 世纪之交,集合论因为出现悖论(布拉利-福尔蒂悖论、罗素悖论)①而陷于危机,而为了避免悖论,除了新的数学哲学(直觉主义、逻辑主义、新形式的建构主义)的激进尝试之外,普遍接受的就是使用公理化方法(策梅罗-弗兰克尔理论和冯·诺依曼-伯纳斯理论)。于是出现了一个更为丰富的理论,诚然它不像《几何原本》那样被普遍接受,但对数学基础的建立却做出了巨大贡献。它除了能够满足数学的一般需要以外,还发现了有用的结合,如点集拓扑学。

但是,所谓"危机"的出现,并不能被看成是数学领域发展的典型模式。例如,源于 19 世纪集合论公理化形式的拓扑学,目前似乎已经避免曾困扰早期希腊几何学和现代集合论的危机,然而像几何学与集合论一样,拓扑学与代数、分析的结合催生了代数拓扑和微分拓扑这两个新领域。

至于算术和三角学(经典分析的始祖)的起源,也遵循相似的模式。其创造是为了满足人类生活和天文学的需要。希腊人把算术分成实用方面(即市场上的算术)和我们今天所称的"数论"(《几何原本》中第七卷至第九卷所讲的内容),现代数论保留了这些内容,仍关注自然数的性质,并通过结合过程,吸纳了其他的数学分支如分析学和几何学的一些方法。虽然丢番图(Diophantus)的论文可以被看成是"学校代数(school algebra)"的开端(尤其是从符号的意义上来说),但现代学校通常教授的算术只不过是分析学的一部分。花拉子密(al-Khowarismi)在西欧中产生的影响持续到代数的发展,尽管在符号上仍未能达到丢番图著作的水平。②

随着阿拉伯著作在西欧的传播(主要是通过西班牙和意大利),数学变成了算术、代数、几何的"熔炉",这正值符号论尤其是在代数方面的改进时期,十进制也在此期间产生。尤其是韦达的研究使三角学开始具有实变函数论的某些特征。

17 世纪,几何学与代数学的结合推动了现代数学的发展。站在这个角度看,数学的进展不遵循任何预先给定的模式,而主要通过外部力量和内部力量的冲击来发生。

虽然不存在演变的普遍模式,但在数学的起源和数学的一些特殊领域,我们还是能够发现某些经典的模式:(1)起源于数学的分支或者像天文学这样的姊妹

---

① 参考怀尔德 1965 年,第 3 章第 1.1 节和第 2 节,第四章问题 28,第五章第 3 节。

② 花拉子密的著作被现代主义者称为"修辞代数(rhetorical algebra)",主要受到印度教徒和巴比伦人的影响。实际上没有证据表明,花拉子密知道丢番图的研究。

学科;(2)达到了一定程度之后,再被其他的数学分支结合或吸收。虽然上述说法还并不全面,但我们可以这样说,就数学概念的内部相互作用来说,比起寻求数学专业发展的普遍模式,对影响数学发展的特殊力量(包括内部的和外部的)的研究会更有价值。在《数学概念的演变》一书中已有相当大的篇幅阐述这一点。

12. 一个问题

一个认识论的问题困扰着许多现代物理学家和数学家,诺贝尔奖得主尤金·维格纳称之为"数学在自然科学中不合理的有效性"(Winger,1960)。按维格纳的通俗说法就是,"数学在自然科学的巨大用途,有时似乎有点神秘……对此找不到合理的解释"。他特别引用复数在量子力学中应用的例子来说明,"我们不可避免地会遇到奇迹"。

这一问题的解决看起来似乎没有争议。数学在自然科学中的作用可以通过数学和自然科学的共同的文化起源来说明。从反面上讲,我们可以设想有两种文化,C_1代表在这个地球上创造的科学文化,C_2代表宇宙内另一个星球上的居住者创造的科学文化,而在这个星球上他们发明了一种完全不同的数学[1]。不难想象,C_2中的数学在C_1的自然科学中不会发挥作用。对C_1的自然科学起作用的只能是C_1中的数学。毫无疑问,因为它们有着共同的文化起源。当我们不把眼光局限在数学解决天文学和物理学问题上而注意到早期数学家本身就是天文学家和物理学家[2]时,它们之间的这种神秘感就会消失。进一步讲,经过现代的演变,物理学的发展已经建立在数学的基础之上。当一位数学物理学家在概念方法上感到困惑时,他常常求助于数学,数学与物理已成为相互作用、相互影响的两门学科。在这个基础上可以预见,数学在物理学中还会有很多意想不到的应用。许多关于古代文化间的密切联系的痕迹,在其现代形式上表现得不太明显,但它以隐蔽的形式保留着。

---

[1] 当然这只是一个假设。这样的数学是很难想象的。比如说几何可能是随着拓扑学的发展而发展,而并非随着我们所知的欧式几何的发展而发展。无论如何,这样的数学是可以通过其自然数基础来识别的,自然数通常被认为具有文化的普遍性。

[2] 值得注意的是,柏拉图著名的学生欧多克索斯,在数学史上总被称为"数学家",而在天文学史上又总被称为"天文学家",他具有双重身份。

第三章　历史的插曲：一个研究文化变迁的实验室

"我们不禁感到，在数学界的共同努力下，某些数学结构的演变已不再受到其历史起源的影响。"

——威尔（H. Weyl）

前面两章涉及了一些历史材料，尤其是用来说明或论证理论性结论的历史片段。在第一章第3节讨论个体和文化的关系时引证了几个发明者的经历，在第二章第1节中引证了重复发明的某些事例。引用罗巴切夫斯基、鲍耶、高斯发现非欧几何这一著名的例子，既用来说明重复发明的现象，又用以论证当数学为其做好准备之后，它就不可避免地会发生。引用笛沙格和射影几何这个事例是为了说明"超前现象"。在第二章第7节提到的康托尔关于无穷的研究是用来说明新的概念被迫产生的起因。

这一章将历史摆在首要地位，它被看成是一个研究文化变迁的实验室，用来说明文化模式和文化张力所起的作用。在第一章第4节关于作为文化体系的数学的简要讨论中，第一次明确提到文化张力的思想，尤其是因为概念上的需要而产生的内在张力。另外，还提到在文化变迁中起作用的渗透和文化滞后现象。本章主要选取了一些历史插曲用来补充说明文化张力。

1. 伟大的渗透（diffusions）

研究文化演变的学者被迫意识到，在演变过程中渗透现象起着突出的作用。所谓文化渗透，就是将一种文化的成分转移到另一种文化中去。渗透现象也许是文化在其演变过程中没有统一模式的最主要的因素。当我们记下数系和算术发展中文化所经过的各个阶段时，我们就可以发现由于渗透作用，有个别文化不需要经过所有阶段，它绕过了某些中间过程。尤其是在传教士或商人侵入文化的过程中，我们发现从原始的计数一下子飞跃到了依赖于十进制和位置值的印度-阿拉伯数字系统。

另一方面，我们可以记下计数制演变所经历的各阶段，即使也有个别文化不必经历所有的这些阶段。

回到渗透现象这一问题上来，早期最明显的渗透现象可以通过图 3-1 反映出来。

图 3-1

不论是算术还是几何或者是初等代数的发展都涉及这一模式。埃及人和巴比伦人所使用的数学公式通过贸易和知识渠道扩散到希腊和印度，再由此渗透到阿拉伯，通过阿拉伯又传到意大利和西班牙。术语"印度-阿拉伯"源于印度数字向阿拉伯的传播。当然，如果我们是在写一部历史，就必须提到中国和玛雅文化的数学成就。但是由于缺乏渗透，这些数学最终没有成为主流数学。这显示出，每一种文化在渗透的过程中都会留下自己的印记。

还有所谓地理渗透，尽管其是人类学中典型的例子，但它并不比数学的各个领域之间以及数学和自然科学之间的渗透显得重要。逻辑史为这类渗透提供了一个绝妙的例子。

希腊哲学家发现的逻辑推理，作为公理化方法的工具，很早就渗透到希腊数学之中去了。欧几里得的《几何原本》堪称"逻辑推理"的光辉典范。不论是在哲学学科还是数学学科，逻辑学都贯穿了整个中世纪阶段，但直到德摩根（De Morgan）和布尔（Boole）把它发展成高度符号化的数学逻辑后，到 20 世纪，这门学科才在数学中找到了它的立足之地。数理逻辑已经广泛地渗透到数学之中，包括数学基础和计算数学。

于是我们意识到数学在向自然科学和技术的渗透过程中最重要的是数学方法和概念的渗透。没有数学方法和概念的渗透，我们的现代科技文化就不会存在。当然，这一过程是双向的，数学概念注入到自然科学的同时，这些自然科学反过来又为数学理论提供模型。由于这一过程众所周知，在此只是略为一提。

渗透的起因和机制为我们提供一个有趣的研究方向,但在此将不予讨论。虽然在一定的张力作用下,渗透现象可以发生,就像众所周知的通过军事征服来强加某些习俗和宗教信仰一样,但现代渗透的发生更多的是为了满足需要,渗透发生在经典学科内部或经典学科之间的情况几乎也是如此。例如,在数学中分析学在拓扑学中取其所需,基础拓扑学的很多内容也已渗透到分析学中去,以至于拓扑学的课程现在通常需要由分析学家来开设。

2. 符号成就

在第一章第 3 节,我们强调了交流的符号基础,它是一种使文化凝聚在一起的黏合剂,并使得文化的演变成为可能。随着符号的演变,数学也成为了高度符号化的学科。孩子们学习数学首先按触到是 1,2,3,…这些符号的演变以及利用它来操作的算术的演变本身就是文化演变的有趣的研究课题。[①]

虽然每一种民间文化似乎都需要进行计数,但是创造的符号却各种各样。有的用"手脚计数",在更为先进的文化里用"词计数",在更为复杂的社会中,赋税、土地所有权、建筑行业、商业等产生了记录的需要,发展更为有效的计数方法成为必然。三个伟大成就记录着计数的发展:(1)阿拉伯数字的出现;(2)位值的概念;(3)零的发明。阿拉伯数字的出现为每单个数字提供了一个有效符号。印度-阿拉伯数字 1,2,3…的出现,代表西方文化中数学的顶峰。位值就是根据数目的位值确定它的值。在 251、25.1、2.51、0.251 中 2 分别表示 200、20、2、$\frac{2}{10}$。因而借助位值,一个单个的数字,例如 2 可以代表各种不同的数值。

我们用零来表示在某一个位置上没有值的结果。例如,在数 200 中 2 表示 2个 100。如果没有零这个符号,我们就只能从上下文来猜测这个数所表示的数值了。当位值被发明之后,零的发明就是必然的了,虽然同巴比伦数字一样,期间经历了几个世纪才得以实现[②]。这也可以用来解释玛雅文化要在位值系统的基础上

---

① 更多细节建议读者参考科南特(Conant, 1896)、泰勒(Tylor, 1958:VII)、丹齐格(Dantzig, 1954)、门宁格(Menninger, 1954,其具有权威性)和斯拉夫斯基(Zaslavsky, 1973)的论述。
② 参考《数学概念的演变》第 27 页,第 2.2.1c 节。

发明"零"的原因。[①]

　　数的运算——加法、乘法等的引入是为了适应日益复杂的社会生活。对于加法运算，可以追溯到用手计数甚至刻痕计数的阶段。完全可以说它的引入与现代电子计算机的发明一样，都是由于社会张力造成的，一个社会变得越复杂，相应的计算方式就需要变得越高效。

　　关于数的演变历史的研究揭示了这样一个事实：一定的可辨别的张力在数的发展中发挥着重要的作用。(1)环境张力，这是一种文化特征，主要影响计数方法和运算的发明。(2)一种文化对另一种文化的渗透，在前一部分我们已经讨论过了。(3)文化滞后与文化抵制。这在第二章第 4 节讨论关于印度-阿拉伯数字在西欧所遇到的困难时已经提到过。(4)符号化。随着数字的演变，各种符号的形式不断更替，用于寻求更有效的计算方式以及更简洁的符号体系。事实上，文化伴随着语言的发展而向前推进，对于数字的演变，符号所起的作用就像语言在文化演变中所起的作用一样。(5)选择。在数字的演变中，明显地包括了一定数量的选择。这不仅表现在计算方式上，还表现在其基础上。虽然任何人都不可能排除个体进行选择的可能性(例如牧师或其他权威人士)，但是可以发现在不同文化中都不约而同选择了以 10 作为基底，并与人的 10 个手指头联系起来，无疑揭示了在选择过程中环境和文化所起的作用。[②]

　　一个还没有得到强调的特殊选择类型，出现在与希腊几何学的演变之间的联系中，建立在希腊文字基础上的希腊数字系统，[③]在希腊几何学的发展中并不起本质的作用，在这一发展过程中出现了所称的"量(magnitudes)"。规定了单位量后，每一条线段都给定了一个确定量(直观上就是它的长度)。量的使用显然是无理数发现的结果，因为其无法利用希腊数字来表示。在一般的意义上很难看出量的出现有什么用，似乎用希腊数字就已经足够了。量是几何学的一个组成部分。有趣的是，正如邦贝利(R. Bombelli)所说的那样，量和几何的使用可以使算术理论得到发展。虽然以前的人们从未想过将来这样一个系统能够被运用到计算中，但近几年来我们看到量在当代的制图、描绘、统计数据中是非常有用的。如果线段

---

① 参考门宁格；另外，对于玛雅人如何操作数字的历史可参见桑切斯(Sanchez, 1961)。

② 关于数字建构中基础和位值的讨论读者可以参考《数学概念的演变》中"初步概念"的第 4 节；最初系统中基底的选择方式可参考《数学概念的演变》第二章第 2 节。

③ 这里提到的是爱奥尼亚数字，可参考《数学概念的演变》第 2.2.2a 节。

的直观比相应的数字恒等式更易于帮助理解,那么通常会选择"量"。

历史上另一个著名的关于选择的例子发生在微积分学的符号领域。牛顿习惯用符号 $\dot{x},\ddot{x}$,…表示导数,用符号 x',x'',…表示积分。与莱布尼兹的符号"d"、"∫"相比,后者在大陆(Continent)更容易被接受,而前者在英国一直使用到 19 世纪初,直到巴贝奇(Babbage)等人为了促进莱布尼兹的符号在英国的使用而成立"分析学会"时才停止。[①]

符号体系的选择在任何地方也许都没有像在数学中显得那么重要,尤其准备用符号进行运算时更是如此。像"π"、"e"这类代表特殊数值的符号,它们完全可以由其他的符号来代替。[②] 但在微积分中,符号的选择有特殊的意义,使用莱布尼兹的符号体系可以大大提高计算的效率,使用牛顿的符号体系却使计算十分笨重。[③]

探讨符号的构成尤其是数学概念名称的构成问题已经超出了本书的范围。很明显,来自希腊字母体系甚至一些不那么为人所知的字母体系的字母比起我们自身熟悉的字母表中的字母来说,更容易使人将其与其所指定的意义相联系。单单运算符号的选择就需要很多的技巧和相关的数学知识,就更别说是要选择一个更优越的符号了。符号选择的难度可想而知,从历经几个世纪的符号代数的演变中我们就可以看出来。

虽然表意文字符号的必要性很早就被人们意识到,但其在数学中的真正使用却经历了一个漫长的过程(详见"数学概念的演变"第二章)。此外,个别数学家所采用的符号并不能保证它就会成为数学文化的一部分,可以想象,这很大程度上取决于该数学家在数学界的地位(可回想关于欧拉的例子)。对数学文化的概念或重要内容的命名也是如此,已经采纳的名称在将来可能会被否定并被一个新的

---

① 18 世纪英国数学研究的滞后一部分原因是由于当时的人们拒绝使用莱布尼兹符号,这一符号能够向英国数学家揭示在这一时期法国和德国的研究的重要性。

② 虽然符号 π 最早是由英国人威廉·琼斯(William Jones)使用的,但后来因为欧拉的使用才使其为数学界所接受(琼斯只是用它来表示约翰·梅钦(John Machin)给出的小数点后 100 位的近似值)。欧拉还引入了符号"e",并与自然对数联系起来。

③ 可能会注意到,莱布尼兹微分符号 dx、dy 起着重要的作用,一方面尽管对于莱布尼兹符号一直存在批评的声音,但由于其可以简化微积分的计算过程,就一直没有放弃它;另一方面,过程中产生的遗传张力促使人们认识到了亚伯拉罕·罗宾逊(Abraham Robinson)非标准分析的合理性,开辟出分析学的一个新篇章。

名称所替代。例如，"分析图（analysis situs）"这个名称，也就是我们今天所称的拓扑学，是黎曼在 1851 年使用的，他把它推荐给了莱布尼兹。然而仅仅在 4 年前，即 1847 年，利斯廷（Listing）在其出版的著作中使用的是"拓扑学"（topologie）这一术语。继庞加莱在 1895 年使用"分析图"这一术语之后，维布伦在其发表的论文中也同样使用了这一术语。于是"分析图"一直沿用到 30 年代初，直到数学家豪斯多夫（F. Hausdorff）、库拉托夫斯基（K. Kuratowski）和莱夫谢茨（S. Lefschetz）正式用"拓扑学（topology）"这一术语来代替"分析图"为止。[①]

3. 环境张力

像大多数的子文化一样，数学在历史上一直受到环境的影响。事实上，数学的存在完全是由于文化的需要。每种文化演变到一定阶段必然会产生计算和测量体系。"几何学"这一名称，源于希腊语的"土地测量"，这实际上指的是其社会起源。从我们最近获得的关于巴比伦的历史知识可知，几何学在巴比伦并没有形成一门独立的学科，更多的是附属于算数，其作用在于提供长度和面积的计算公式，满足社会需求，以及提供算数问题的来源。虽然巴比伦人显然在几千年以前就知道了毕达哥拉斯公式，但当时还不足以为"毕达哥拉斯数"提供理论支持。同样，埃及的"几何学"本质上是由面积公式所组成的，但它与我们在欧氏几何中发现的独立理论不同，它充当的仅仅是古代测量的一种工具。

在希腊，几何学成为一门独立的学科，其发展受到了哲学和天文学的极大影响，希腊几何的最出名的开创者如欧多克索斯（Eudoxus）也是天文学家。逻辑与数学的结合使《几何原本》成为以逻辑为框架的学科，而这明显是受到了哲学家巴门尼德（Parmenides）和芝诺（Zeno）的影响。

到了现代，继伽利略的科学创新之后，我们研究了一系列的物理现象，于是要求数学计算变化率、速度、加速度等问题，这是经典数学不能解决的瞬时现象的问题。于是便产生了微积分，它的出现可以说开辟了数学发展的新纪元。虽然无穷

[①] 在波兰期刊《数学基础》（*Fundamenta Mathematicae*）的前三卷中"拓扑学"（topologie）和"分析图"（analysis situs）这两术语都出现了。前一个的优势在于对印欧语来说它更适用于形容词形式，如 topologische 或 topological。

大和无穷小的概念还有待改进和完善,但是,诸如函数之类的概念在现代数学时代来临之前就已准备好了。

法国学者约瑟夫·傅里叶(Joseph Fourier)在19世纪初期做的关于热和声的理论研究极具影响力。它出现在从牛顿和莱布尼兹的微积分研究到20世纪数学的过渡时期,傅里叶关于三角级数函数逼近分析①在推广了函数的同时也促进了现代集合论的产生。

虽然普遍感觉到现代数学的概念已变得更加完善并且已很少依赖环境张力,但是可以肯定这类张力仍然存在,并且对数学的发展将有更大的影响。例如,第二次世界大战的爆发促使了更高效的计算机以及相关理论的出现。此外,运筹学、系统分析、博弈论、信息论等也应运而生,更别提已建立的领域的进一步发展了。

应该注意到,自然科学、社会科学以及工业界所必需的概率论和统计学源于对赌博、死亡率等的研究,图3-2是环境与数学相互作用的典型模式:

图3-2

环境张力促使新的数学概念的发明,对数学概念的研究产生了成熟的技术,成熟的技术满足了环境的需要,同时又促进了理论的进步。

4. 多重发明的起因: 规则的例外

我们在第二章第一部分已经详细叙述重复发明的规律:当一个重要的新发现即将诞生的时候,往往可以由几个人各自独立完成。在此我们研究的是该现象出现的原因。

文化演变中必然会有新的发明、发现或其他有意义的进展,它是文化中的各种成分的重新组合,作为文化交流的结果存在于文化体系中。(White,1949:169)

我们可以用数学来解释什么是"文化张力",作为一个特例,我们考虑一个公

---

① 回顾早期关于毕达哥拉斯的调和与整数比关系的发现,克莱因在其经典著作《西方文化的数学》中提到,"毕达哥拉斯满足于拉琴,而傅里叶关注的是整个乐团"。

理系统,更具体地说,假设 S 是一个公理系统,在这个系统中存在着有待发现和证明的定理,由于一些证明方法(普通的逻辑推理、归谬法等)的使用导致了公理系统 S 出现了一定的规律性。当一个定理发展到一定的阶段时,下一个定理的证明也会被发现,并为从事这项研究的学术界所共知。假如这一领域研究学者的能力接近,那么可以预料这些定理的证明将同时为几个人所独立发现。

不论是非公理化的数学体系还是现代高度发展的数学体系,结论都是一样的。领域的基本理论已成为该领域的研究学者的共识,其作用相当于一个公理体系,在其基础上可以推导出未来的很多定理。

我们回忆一下在第二章第 1 节中陈述的：波尔约、高斯、罗巴切夫斯基同时各自独立地发明了非欧几何,而 18 世纪初期萨凯里也进行了这方面的研究但未成功,这可以通过文化逻辑因素加以解释。首先考虑萨凯里,当时是 18 世纪初期,数学仍然没有从绝对真理的哲学中解放出来,数学定理被描述成关于现实世界或理性世界的真理,或者被看成是构成"数学真理"基础的传统理论的自然结果,尤其是欧氏几何。萨凯里,作为他那个时代的文化产物,自然也打上了当代哲学的烙印。同时,数学文化体系的几何分支要求解决平行公设这一古代问题(《几何原本》的缺陷)。公设的证明从公元前 3 世纪一直持续到公元 1800 年,这无疑为萨凯里证明公设的有效性提供了动力。他所使用的方法,是典型的希腊证明方法,先假定这一公设是错的,然后由此得出一个矛盾。更准确地说,他走了另一条路子,他提出了一个与欧氏平行公里相矛盾的命题,用它来代替第 5 公设,然后与欧氏几何的前 4 个公设结合成一个公理系统,展开一系列推理。这些定理构成了我们现在所谓的非欧几何学。但在当时的文化背景下,萨凯里否认了这一些定理的正确性,使得这些研究成果被埋没。我们只能怪萨凯里出生在了一个错误的时代。

当然,这并不是说萨凯里就不可能得出一个与罗巴切夫斯基和波尔约在一个世纪后提出的相同的结论。事实上,一个意志坚强、独立的,并与萨凯里有着相同数学背景的思想家是属于"超前现象"的例子(参考第六章)。然而,即使他已经认识这个正确的事实,即可能存在欧氏几何以外的几何,作为一个耶稣会的牧师,萨凯里敢公布他的结论吗？纵使一个世纪后,伟大的高斯在没有宗教法威胁的情况下也没有勇气去发表他的观点。他在 1829 年给贝塞尔(Bessel)的一封信中这样说到："在我公开研究这一课题之前,我忧虑了很久,事实上,在

我的一生中这一切是不可能发生的,因为我害怕'波奥夏人的呼声'。"①克莱因
(Kline,1953:413-414)后来评价到,高斯在那些叫嚣创造者为疯子的群众面
前缺乏勇气。因为19世纪初的科学家受到康德(Kant)教条的影响,深信理性
世界除了欧氏几何之外,再也没有别的几何了。高斯关于非欧几何的论文是在
其死后才被发现的。

有人怀疑高斯的这种顾虑是否真的是由当时的文化背景引起的。因为,罗巴
切夫斯基、波尔约几乎同时得出了与高斯相同的结论,而且两个人分别在1829年
到1830年间以及1832年间各自独立发表了自己的观点。当时之所以没有反对的
呼声可能归因于以下两个原因:

(1)当时的文化气氛。允许科学思想有更大的自由,这有利于那些非主流观
点的提出。

(2)不论是波尔约还是罗巴切夫斯基,在科学上的威望都不足以使他们的观
点得到重视。当然,其他史实也表明当时的文化气氛确实发生了变化,但直到黎
曼的资格论文和高斯的遗稿(其中揭示了数学家的观点)的出现,波尔约和罗巴切
夫斯基的研究才得到关注。

有2种情况不属于重复发明的现象,分别是意外事件(the unexpected event)
和我们在第二章第3节已讨论过的超前现象。一些人只是恰好运用了基本原理
从而导致了意外事件的发生。这个情形与通常的重复发明不同,因为它不是在文
化主导的顺序下发生的,而是由基本原理推导出来的。这可以通过波尔查诺和魏
尔斯特拉斯发现的在任何点都不可导的连续函数、克纳斯特和库拉托斯基在1921
年发现的二重连续点集的矛盾性以及巴拿赫和塔斯基发现复分解定理的例子得
到说明。不相容性的发现也是属于同一情况。这3种情形都不属于重复发明
现象。

像在第二章第1节叙述的一样,超前现象源于个体创造者的背景知识和经验
的不寻常结合。在孟德尔的发现中,显然他的养蜂经历和植物学知识起了决定作
用。在笛沙格的案例中,建筑上的采石工艺和经典几何的知识,尤其是阿波罗尼
奥斯的二次曲线理论促成了他的发现。

---

① 这是借喻希腊的愚笨部落。

5. 伟大的结合①

　　两个或两个以上概念或理论的结合，指的是把所有理论合并成一个新的体系从而形成一个新的理论，这个新的体系具有比单个理论更一般的意义。解析几何（坐标几何）就是这种结合最典型的例子，代数、分析、几何的结合使得几何图形借助于代数或分析来研究，反过来也是如此。

　　在数学发展的各个历史阶段，这种"结合"现象时常发生。正如我们所知，欧氏几何是逻辑和几何结合的产物。在引入逻辑之前，几何数由通过实验发现的公式组成，并且，其中一些公式仅仅是近似的（如古代著名的圆的面积公式）。伴随逻辑的引入，推理证明代替了直观证明，公理化方法也是这一过程的自然产物，通过原始方法不易证明的定理利用归谬法证明起来会变得非常简单。

　　希腊文化时期另一伟大的结合应归功于托勒密（Ptolemy），他把巴比伦的数学天文学和希腊的几何天文学相结合，出版了《天文学大成》一书。科学史学家普赖斯（D·des·price）曾经指出，正是这一结合构成了现代科学的开端，并且与其他文化（例如中国文化）相比，西方科学之所以能够取得如此巨大的成就，其原因就在于此。②

　　在现代，随着学科分支日渐增多，这种结合的例子也屡见不鲜。事实上，正是用这种方法人们尝试将数学的各个分支统一起来，任何结合的目的通常都是为了能够获得迅速解决问题的工具。例如三等分角的问题，只有借助于代数才得以解决，尽管这不是开辟新领域的例子。在本世纪的上半叶，代数学和拓扑学结合形成了代数拓扑学，这是两个学科之间结合的典型例子。就拓扑学家而言，其动机就是为了解决那些无法用集合论方法解决的问题。

　　值得注意的是，数学中的结合通常会保留原领域的完整性。上面提到的代数拓扑学，代数学不仅保留了自身作为一门蓬勃发展的领域的特性，它还吸收了作为两个学科的结合学科——代数拓扑学的某些结论（如精确序列、同调群）。微分

---

① 结合作为文化力量和过程将在第五章中进行详细讨论，也可以参考《数学概念的演变》中的一些材料。

② 普赖斯在其著作《始于巴比伦的科学》（*Science since Babylon*）一书中提出了这一观点（Price，1961）。

几何也有类似的情况,它将分析几何以及其他现代数学分支有机地结合起来。

通常,由于结合而诞生的新领域,通过其命名就可以观察出来,例如,代数拓扑学、点集拓扑学、统计物理学等。最后提到的统计物理学是数学在物理学中的应用,它使我们意识到数学的很多应用都是结合的产物。只要读者熟悉自然科学或社会科学某一领域,他就能够找到许多这样的例子。

6. 抽象的飞跃

在第二章第 6 节我们讨论了数学不断升级的抽象性,在某种程度上,其他一般的体系(神学的、政治的)也同样如此。这里我们更为关心的是其中的作用力。

无疑,首次抽象性的飞跃[①]发生在早期希腊数学的演变过程中。很遗憾,我们缺乏这一时期详尽的史料,因而在这里我们无法知晓其发生的确切时间。然而,只要我们把巴比伦-埃及的数学和后来的希腊数学作一下对比,我们就可以肯定那的确发生过。特别是希腊人把逻辑证明引进了数学中,这与缺乏证明或缺乏通过举例来证明的巴比伦-埃及数学形成了鲜明的对比。

最近,萨博(A. Szabo, 1966)猜测希腊的演绎法是由爱利亚哲学引起的,而且《几何原本》中公理和公设的引入是批判芝诺和不可通约量的发现的必然结果。这一猜测引起人们高度的关注,这也许是因为它为说明文化力量在促成证明方法不断严格的过程中所起的作用提供了依据。

值得注意的是,历史上高度抽象性的发生一般都不是渐近式而是跳跃式的,有时仅仅是由于对现存理论看法的变化。例如,经典问题——解代数方程,即形如 $a_n x^n + a_{n-1} x^{n-1} + \cdots + a_n = 0 (n$ 是自然数) 的方程,其中 a_i 是整数(正数、负数或 0) 且 $a_n \neq 0$, n 是这个方程的次数。

$n = 1、2$ 时的解,古人(甚至巴比伦人)就已经熟知,虽然当时并不承认负根或虚数根;当 $n = 3、4$ 时, 16 世纪的意大利数学家卡丹、塔尔塔利亚、费拉里(Cardan、Tartaglia、Ferrari)求出了它的解(Boyer, 1968: 310 - 317)。现在,通过运算法则或求根公式就能求出这些方程的解。其中运算法则结合了包括加、

---

① 数学史上缺乏对计算数字、符号等发明中所涉及的抽象的相关记载,所以我们无法将它们归为抽象的飞跃;我们猜测它们是缓慢演变的结果。

减、乘、除、开方等代数运算。

很自然地，人们试图寻求更高次数 $n = 5$、6 时方程的解，然而，已经证明这是徒劳的。并且 17、18 世纪的数学家纷纷参与到了解析几何和微积分这些领域的研究，以至于没有时间研究这一问题。然而在这些世纪内人们获得的数学能力以及在数学上的成熟导致了对解决这个问题的态度的转变。特别是法国著名数学家拉格朗日，除了广为人知的分析及其应用领域之外，他对其他领域也有广泛的兴趣。他对解代数方程非常感兴趣，并在 1767 年发表了通过连分数来解方程的文章，到了 1770 年，他又发表了以根的排列形式来解方程的文章。他最大的贡献是提出了"为什么在解次数不超过 4 的方程时成功使用的方法，在解次数高于 4 的方程时都不适用呢"的疑问，并猜测，次数高于 4 的代数方程不能通过这类方法来解决。

甚至可以说这样的一个问题代表了抽象过程的伟大飞跃。这个问题显然是由内部作用力所引起的，而内部作用力源于人们在解方程上的失败。1813 年，意大利物理学家鲁大尼（Ruffini）试图利用代数运算证明拉格朗日提出的猜想。

后来阿贝尔和伽罗瓦提出了置换群理论，从那时候起，以研究抽象群的结构为标志，研究数学的结构成为了数学演变过程中最突出的特征，并且在通往现代数学的道路上起到了决定性作用。

我们列举的只是数学上关于抽象性飞跃的部分史实，还有另外两个现代事件有助于进一步阐释这一过程。第一是集合论的产生，它在 19 世纪末由康托尔和戴德金提出，用来解决函数论的问题，康托尔把集合论应用于无穷数领域，这是一个巨大的飞跃。尽管已经证明了这些数的有用性，但在数学家之间仍然引起了一场轩然大波。事实上，他们丰硕的研究成果以及内在吸引力使得他们的理论最终为大众所接受，尽管其中存在一些悖论和矛盾。这是数学内在压力迫使采纳某种想法的最典型的案例，不然，这种想法要么就提不出来，要么即使提出来了，也不大容易被接受。一旦出现矛盾，就利用集合论本身聚集的力量加以消除，使得该理论能够继续使用。

最后，我们想提一下关于抽象性飞跃的另一个典型实例，这是由集合论和数理逻辑的结合而产生的。这可以被解释成，逻辑传统上与亚里士多德的名字是分不开的，随后在中世纪哲学（尤其是宗教哲学派）中形成一项基础研究，自学成长的英国数学家乔治・布尔（George Boole，1847，1854）运用当时可用的抽象代数工具,将其转化成代数形式。① 后来,数学逻辑领域的经典著作包括弗雷格的 *Die Grundlage der Arithmetik* 和罗素-怀特海的《数学原理》。② 希尔伯特和他的学生的主要意图就是在本世纪的头 25 年里要使全部的数学经历一次逻辑审查,主要在形式逻辑规则的基础上证明其一致性,于是产生了元数学(meta mathematics),这创造了一个新的抽象层次。最初动机源于集合论的不一致性,所以元数学涉及集合论与数理逻辑的结合。

奥地利年轻数学家哥德尔(K. Gödel)很快证明了希尔伯特的尝试是徒劳的。哥德尔在 1932 年做出了划时代的发现,即任何一个数学逻辑形式,只要它是相容的,它就是不完备的。③ 这是一个了不起的发现,它澄清了很多在集合论中一直得不到解决的问题并且反过来又提出了许多新的问题。

从刚刚描述的发展过程来看,有人预测数学的抽象性已达到了顶点。然而,这并不是说数学的每一个独立的分支(例如,计算机理论)无法在自身的体系中变得更抽象。从整体上来看,数学(当然包括数理逻辑)④取得的成就证实了这样一句名言,即不断升级的抽象性能够催生出更强大的力量。只有在将来才能揭示作为一门学科的数学能否达到比现在更高级的抽象,或者是否只有数学分支领域才能进一步实现抽象的飞跃。

最后,我们可以看出这样的一个历史事实,即任何学术理论都将在演变的过程中变得越来越抽象,抽象性是普遍存在于演变过程中的最有效的作用力。

7. 伟大的概括

与抽象性的飞跃联系最紧密的就是在数学中的概括。事实上,概括很早就成为抽象过程最主要使用的工具之一。例如,在《数学概念的演变》中,我们提到了用于特定对象的原始数的例子。比如在英国哥伦比亚的钦西安人文化里,关于人的数词就不同于关于独木小舟的数词。日本依然在 1 到 10 的范围内保留这个现

---

① 注意这本身就是一种结合,即逻辑与代数的结合。
② 严格来说,这些著作将数学建立在逻辑的基本原则之上,在数理逻辑中构造标准的符号类型。
③ 事实上,哥德尔的结论针对的是整个数学系统,它涵盖的范围非常广,其中也包含了初等数论。
④ 在早期,逻辑被认为是哲学的一个分支,然而今天普遍认为数理逻辑是数学分支。

象的现代形式。由这样的数词转变成为非分类形式的纯数词，需要高度概括，早期的几何也有过类似形式的概括。例如，在巴比伦-埃及数学中，往往会用一般的形式来替代特殊的面积区域。关于概括如何发展的历史细节我们无法知晓。

我们了解得比较多的是把特殊的数字运算带到我们通常所称的"学校代数"这样一类的概括中，这并不是一次快速的飞跃，而是经过了许多个世纪，经历了言语、缩略、符号这几个阶段。言语阶段可以通过公元前 1900 年的巴比伦泥碑的例子得以说明，它使用了精确的口头陈述，包括当时使用的六十进位的数字。缩略代数既使用缩写词也使用一般单词，如 K^r 表示未知数的立方，它是从单词 KYBO 派生而来的（丢番图，早期基督教纪元），而 equals 则是从 aequalis 派生来的。符号体系的进展一直持续到 17 世纪，现代高中和大学初等代数课程中使用的代数就是在那时出现的。

在这里，我们可以观察到概括用于实现抽象化的过程。当然，正如任何一个高中学生开始学习代数时都会碰到的"单词的问题"，即完全用单词陈述的问题与那些为了解决问题而引入的相应的代数公式相比更容易理解，后者更为抽象。学生在把"单词的问题"转化为相应的代数形式时一般会遇到障碍，然而，一旦他找到了关于这个问题的适当算法，他就会发现后者非常简单，虽然他在将算法翻译成相应的解答时可能会遇到困难。同时，这个例子还很好地诠释了抽象的作用。

概括是一个抽象过程，这是它唯一的特征。美国著名数学家摩尔（E. H. Moore）总结到，这一过程基于这样的一个原则："在各种理论的本质特征之间存在着相似之处，意味着一个更一般的抽象理论的存在。这种抽象理论是某些特定理论的基础，并把其中的本质特征统一起来。"（E. H. Moore，1910）（详见《数学概念的演变》第 93 页）。群论的发展就是一个典型例子，当时不存在任何飞跃。虽然伽罗瓦创造了"群"，但他没有提出"群"的概念，后者是基于对算术、代数、几何等的运算中所表现的共性的认识，以各种各样的形式逐渐提出来的，直到 19 世纪才得以提出对群公认的定义，并随着抽象代数的出现，域、环、交换代数的概念等也取得了相应的进展。

还必须提到另一个与概括有关的例子：菲利克斯·克莱因在他的《爱尔朗根纲领》中借助变换群（1872 年）对几何进行分类。虽然没有给几何提出像今天这样的一个完整定义，但纲领仍不失其时代意义，它证实了摩尔后来提出的原则对概括是有益的。

近代最值得庆祝的一个概括是众所周知的阿蒂亚-辛格的指数定理,它概括了分析学经典的黎曼-罗奇定理,并且从现代拓扑和分析中整合材料,证明了"分析指数"可以完全通过拓扑数据来计算,其中的细节太过专业,所以这里没有把它列举出来。

作为研究的工具,概括是从事研究的数学家最重要的手段之一。

第四章　一种理论或一门学科的潜能：遗传张力

　　"一个伟大的思想体系必须有其内在生命力，而卓越的人只是其重要的外部因素。"

——霍布森（E·H·Hobson）

　　关于文化变迁或文化演变的研究，人类学家已做了大量的工作。这类研究的主要价值在于预测未来文化的发展趋势。在了解了文化的变迁之后，对未来的预测将更有把握。

　　数学文化的变迁主要贯穿于新概念的引进之中。这些新概念是从哪里来的呢？有回答称，"是来自于个别的数学家的大脑"，这个回答既是对的也是错的。文化活动是以大脑为载体的，从这个角度讲，这个回答是对的，然而新概念的形成源于数学家对现存概念的积累，而这些现存的概念往往衍生于其所属的文化背景，从这个角度来讲，这个回答又是错误的。常常有人认为，个体数学家的直觉是构成其概念思维的核心。这里其实是忽略了个体的直觉是文化对大脑影响的结果的事实。①

　　正如美国政治集团的力量通过个体说客来施加其影响一样，数学通过个体数学家的思考而形成概念，后者的结论是个体所处的独特的数学文化综合作用的结果。现在我们转到数学文化上来。②

---

① 关于直觉，可以参考怀尔德（Wilder，1967），也可以参考第七章的规律9。

② 阿达马（Hadamard）和庞加莱（Poincare）分别在1949年和1946年研究了个体数学大脑的工作方式。

1. 遗传张力（hereditary stress）

数学文化中作用于数学个体的最重要力量是"遗传张力"，这是从先前已经存在的数学文化中继承下来的。[①] 这种力量不仅推动新概念的产生，而且常常表现出强迫性——除非我们有新的发现或接受至今为止一直被拒绝的概念，否则我们就不能达到我们的目的。如果我们要获得一个令人满意的方程理论，我们必须回想起由复数衍生而来的概念；或者像希腊人接受圆规和直尺作为几何思维的一部分那样，接受使用数学思维的计算机。

遗传张力并不是一个单一的概念，有人发现，分析学表达中涉及的一些组成部分可促使变革的发生，换句话说，遗传张力是一个复合术语，它包含了影响一种理论或一门学科发展的全部特征。当然，有人会问，为什么要发展？历史上有很多数学家都曾推断数学再也不可能发展了。如拉格朗日认为数学从整体上已接近枯竭；19世纪最富创造力的数学家之一的查尔斯·巴贝奇在1813年宣称，"数学创作"的黄金时代无疑已经过去了。然而，尽管有这种悲观论调，数学依然还是在向前发展。

要达到所谓的文化稳定的平衡，并非无从下手。澳大利亚原住民文化是人类学家最常用的一个例子。但是，这种文化与科学文化，尤其与我们正强调的西方数学文化之间存在着差异，后者与早期中国数学或希腊数学并不相同，它可以保证持续发展。据推测，敌对文化可能会对科学的发展造成致命的影响，刚刚提及的中国和希腊数学文化就是受到了敌对文化的影响，这体现了极端的环境张力。从毕达哥拉斯时代（约公元前540年）到丢番图时代（公元250年），数学中可能聚集了相当大的遗传张力，但是到了公元529年，希腊的学校依然面临关闭。在贫瘠的土壤和恶劣的气候中植物是不能生长的，正如我们即将看到的，即使像遗传张力这类内在力量也不可能不受到环境的影响。

如今绝大部分的数学分支（它们的起源和发展都受到了环境因素的影响，如统计、概率、运筹学、计算机技术等）已经脱离培植它们的母学科并在学术界开始自成一体。一些分支，如运筹学，它起源于第二次世界大战时期，它们的存在无疑

---

① 怀尔德1974年的论文中致力于研究这种张力，本章就是对该论文的修订、更新。

会导致财务和行政负担，而这最终将使得真正的贫民们不得不脱离数学的核心（所谓的"纯数学"）。

　　我们打算将遗传张力研究的范围限制在分析、几何、拓扑、代数等基础数学学科。这些学科分支并非相互分离，相反，它们已互相渗透并融合形成了许多理论，致使它们今天构成了一个整体——现代数学的核心。站在数学是一个文化体系的角度看，遗传张力可以看成是数学分支间的引力，在促进它们发展的同时又有助于它们相互融合。下面我们将分析遗传张力的一些性质。

2. 遗传张力的组成

　　对演变起作用的数学文化特征是什么？我们的研究还尚未完全，但下面将介绍几种最主要的特征。

　　（Ⅰ）能量（capacity）

　　大致来说，是否可以产生有意义和丰富的数学成果是衡量一个数学理论潜能的标准。平面欧氏几何的公理就是一个典型的例子。最初，这类公理有着巨大的能量，可以推算出一系列的定理。然而，必须注意到，谈及一个现存理论的能量时，人们往往是从现在的角度去看的，与原先的情况一般会有所不同。如今，平面欧氏几何的能量已经相当少了，因为这门学科从整体上已经被完全地建立起来了，但是，这并不意味着就不存在其他有待发现的定理，事实上，还有一些有趣的重要定理仍然没有被发现。理论上，除了现在已知的以外还存在无穷多的定理，尽管推导的过程可能会越来越困难。[①]

　　于是，一门学科的能量的多少取决于它所处的时代，现代欧氏平面的拓扑结构类似于平面欧氏几何，在美国的摩尔学派和波兰学派的努力下，该结构在本世纪初已经被完全建立起来。另一方面，拓扑学的分支，诸如一般拓扑、代数拓扑、微分拓扑等的能量到现在仍然很大。一旦它们与其他领域结合将会产生更大的力量。

　　训练有素的数学家经常能够觉察到一门特定学科的能量。如果能量大，他可

---

① 自欧几里得时期以来的几何发展，不局限于平面几何，包括其中引入的新方法，可参考 1967 年考克斯特（Coxeter）和格雷策（Greitzer）以及 1979 年克莱（Klee）的研究。

能就会对它进行研究,或是指导其他人(如年轻的同事或学生)去考虑进一步发展这门学科。按这种方式,能量将直接影响学科的发展。

然而,即使是最有经验和最有学识的数学家,也有可能意识不到一个理论的能量。17 世纪由笛沙格发现的"射影几何"就是一个很好的例子,接下来的第五章我们将会进行更详细的讨论。据推测,与笛沙格同时代的人之所以没有认识到该学科的能量,可能是因为当时的几何主要涉及欧氏几何和"坐标几何(coordinate geometry)"。

在 19 世纪后半叶由于戴德金和康托尔对集合论的能量的认识,产生了源于数学分析的新分支——集合论,这也是产生一门新学科的方式。康托尔坚信对无穷数及其计算的研究可以独立存在,而其他人怀疑过它的存在性。

继希尔伯特和他的学生建立形式系统以及歌德和保罗·科恩(Paul Cohen)关于连续问题的发现之后,集合论的能量得到进一步的揭示,这是一种由于受到符号(数理)逻辑的刺激而重新恢复的能量。新学科的能量通常不仅通过它内部的发展而得到提升,而且也在其他学科(包括哲学和社会现象研究)的作用下得到提升。

另一个例子就是上面提及的由摩尔学派和塞尔斯基(W. Sierpinski)领导的波兰学派提出的平面拓扑和连续结构。不幸的是,对它的发展以及它对后来数学史的影响至今还缺乏足够的研究。

(Ⅱ)意义

这是与理论的能量紧密联系的一个特性。像能量一样,它会随着时间的推移而发生很大的变化。作为遗传张力的一个组成部分,它在引起新研究方面是一个强有力的因素,可以有效开发学科潜能。

我们可以再一次以集合论为例。在某些时候,它对数学的意义还普遍未被认识到。有些时候甚至还被完全否定。可以推测,那些对积分理论的发展感兴趣的数学家(如波雷尔、勒贝格)对集合论的意义必然会有几分敏感,但是真正意识到其意义是在 20 世纪。

当然,意义并不仅仅以一个领域对数学的重要性来衡量。例如,计算机理论对数学有什么意义?现在(1979)那些致力发展计算理论的数学家可能意识到他们不再是在大学的数学系工作,而是在电子工程学领域或是在他们自己组建的部门工作。另一方面,随着计算机在微积分和分析学教学中的使用不断扩大,以及在解决著名的四色问题①中的应用，计算机理论对数学的长远意义不断得到体现。应该提醒那些反对把物质实体（如计算机）引入到数学中来的人，即使是"纯"欧氏几何，也允许使用直尺和圆规。

然而，数学以外的领域的意义也不容忽视，数学学科的发展不仅起源于数学的需要，而且可能受到其他应用的影响。例如图论，最先被基尔霍夫（Kirchhoff）应用在电路的检查中，并且在图论被认定为拓扑学的一个分支之前凯莱就已经将其用于化学键的研究中。今天图论已经变得如此重要，以至于它不再被看成是拓扑学的分支，而是自成一个体系。诚然，部分原因是图论对数学以外的领域（如物理学、社会科学）有着重要的意义，但尽管其作为一门独立的学科，也应包含在纯数学的框架中。

与以上的情况相反，一门学科所具有的意义也可能会日趋减弱。我们在上面已经提到了欧氏平面几何的能量不断减小。与此同时，这门学科的意义也在逐渐减弱，这可能是由于其中发生了灾难性的错误。普遍认为，有些数学家是直觉思考者而其他数学家不是，他们把自己的工作抽象成几何图式。比如20世纪最伟大的代数学家埃米尔·阿廷（Emil Artin）就是一个视觉思考者，而事实上，他最重要的工作却是在拓扑学领域内。一个聆听他报告的几何学家很快就意识到阿廷在他的代数概念的表述中运用的几何模型。我想，这是对数学教育的一个启发：几何尤其是欧氏几何，对大脑的开发有着深刻的意义，有助于培养视觉探索能力，并非一定是演绎法的几何例证。

著名数学家希尔伯特在其论文中写道（Hilbert，1901：2）：

> ……几何图形是空间直觉的标志或记忆符号，被所有的数学家使用。我们用不等式 $a<b<c$ 表示在一条直线上依次排列的 3 个点，用彼此套住的矩形来严格证明一个函数的连续性或聚点的存在性，我们还经常用到三角形、带圆心的圆以及三条互相垂直的轴线。另外，向量的表示方法、曲线族或曲面等在微分几何、微分方程、变量的积分求导以及其他纯数学体系中扮演着十分重要的角色。

---

① 参考 1977 年阿佩尔和哈肯的研究。

一门学科的意义可能源于各种因素，包括它对数学领域的意义、对像物理这样的数学以外的领域的意义以及对数学教育的意义。在第二次世界大战以前，至少在美国，专业教育家们基于"能力迁移"理论背景，使数学从整体上遭到削弱。然而，数学对军事的意义又巩固了数学在中学课程中的地位，使其一直持续到现在(1979年)，尽管有研究表明在大学阶段学生对数学的兴趣存在下降的趋势。

（Ⅲ）挑战(challenge)

在这里我们将讨论由于问题的出现而面临的挑战，这些问题的解决需要运用不同寻常的技巧和新方法、新原则，这一类挑战不仅影响领域内的相关学者，而且往往还可能引起在领域之外的学者的注意。比如在1900年巴黎举行的国际数学家大会上，希尔伯特提出的著名的数学问题就需要运用多种学科的知识来解决，吸引了大批学者参与研究。[①]

例如，考虑数学最古老的一门学科——数论，可以肯定的是，它原始基础的简单性(自然数、从分析和代数中引入新的方法)有助于数论的普及，即使在业余爱好者中也是如此。此外，数论提出的挑战性问题发挥了巨大的作用。[②] 诚然，已经证明数论的结论对数学领域的有用性，但是如何保持这个学科的生命力同样是我们需要考虑的问题。正如希尔伯特所说，"只要一门科学分支能提供大量的问题，它就充满生命力，而研究问题的缺乏则预示着独立发展的衰亡或中止。正如每一个人的事业都需要有确切的目标一样，数学研究也需要有自己的问题"。通过问题提出的挑战可以被看成是遗传张力最重要的组成部分之一。

（Ⅳ）概念张力(conceptual stress)

在第二章第7节，通过观察它对算术、几何和集合论的影响，我们已经讨论了这种力量。下面我们要做进一步的展开。

作为遗传张力最重要的组成部分之一的概念张力，是伴随着学科领域中新概念的需求而产生的，并以如下几种方式起作用：

（1）符号张力。这按两种形式发生。其一是源于对好的符号的需要，这在第三章第2节已经讨论过了。其二就是反过来，给了一个特定符号，要求赋予它适

---

① 关于这些研究和已获得的解决方案的最新讨论，请参阅1976年布劳德(Browder)的论述。

② 数论能够从计算机的发明中获益。例如，它使得完全数的发现成为可能(在《几何原本》第九卷中讨论过)。1971年塔克曼(Tuckerman)宣布确定第24个完全数。

当的意义。从一般的符号化过程来看，这是没有意义的，定义一个符号的目的就是要代表某种东西，那么为什么还要提出一个关于符号代表什么的问题呢？事实上，我们这里提到的符号确实代表某种东西，只是它们所代表的实体对议题来说是开放的。因此，我们通过上面提到的"适当"一词来确定这个"实体"，我们不妨举个例子来说明。

考虑在第二章第 7 节已讨论的 $\sqrt{-1}$ 这一个典型案例。作为一个符号，它表示"-1"的平方根，可是当第一次遇到它的时候，所知道的数仅限于实数，[①]于是这类数引起数学家的注意，尤其数学家们发现，如果不承认"虚数"，代数基本定理就不能成立，于是他们开始为这类数提供适当的概念定义，即"复数"。并且证明它们带有适当的运算方式，于是符号作为一种思维方式，在相互作用的同时产生新的符号。

在第三章第 2 节提过的关于莱布尼茨的符号 $\mathrm{d}x$、$\mathrm{d}y$ 是另一个典型案例。近 3 个世纪后，数学家们才赋予这些符号严格的概念意义。同时，由于其在运算技巧上展示的强大功能，即使同时受到哲学和数学的攻击，它们还是得以保留下来。好的数学符号体系，必定会长期保留。既然可以很好地发挥作用，为什么还要为符号的意义而担心呢？当然，数学教师喜欢使他们的想法显得"合乎逻辑"（或"严密"），于是就出现了关于微分量 $\mathrm{d}x$、$\mathrm{d}y$ 的许多奇特的解释。柯西和波尔查诺利用极限思想对表示导数的符号 $\dfrac{\mathrm{d}x}{\mathrm{d}y}$ 给出了一个完整定义。[②] 但是，不管是在基础微积分课本或是高级微积分的课本中，都使用各种各样的方式对 $\mathrm{d}x$、$\mathrm{d}y$ 这类微分符号给出概念性解释，最成功的可能是把"d"当成一个算子，这一解释归功于乔治·布尔，他在有限差分的微积分上的研究为所有的专业精算师所知晓。

在给出微分的完整意义之前，罗宾逊（Robinson）利用现代集合论（这是有待于发展成一个新学科的另一种理论）对微分提出了一个令人满意的概念解释。[③]

一般来说，数学的历史就是一个追求更完整、更适当的符号体系的过程，从日

---

① 并非所有类型的实数在当时（约 1545 年）就已经出现。比如卡丹[Cardan，在其著作《大法》（*Ars Magna*）中介绍了三次方程的求根公式]称负数为"虚拟数"。

② 这是另一个关于重复发明的例子，这在之前的讨论中没有提到，博耶在 1968 年称之为"巧合"。

③ 关于罗宾逊的研究可以在其著作《非标准分析》（*Non-Standard Analysis*，1966）中找到。关于如何利用非标准分析建立微积分学，可以参考亨利（Henle）和克莱因伯格（Kleinberg）的教科书。

益升级的抽象性和复杂性就可以凸显出来。当然,事物的发展并不总是一帆风顺的,回顾 18 世纪末和 19 世纪初几何的"综合"学派和"分析"学派的分歧就可以看出。[①] 虽然这是关于方法的一个争论,但它具有符号基础。综合学派倾向于语言形式的符号,而分析学派则坚持文字和表意符号及运算,这成为了当时代数和分析的特征。[②]

(2)需要新概念才能解决的问题。这是概念张力的另外一种形式。当遇到一个只能通过引进一个新概念才能解决的问题时,这种张力便出现了。希腊几何学中不可通约和根的个数问题的解决归功于欧多克索斯创造的比例论,正像《几何原本》第五卷中描述的那样。19 世纪末分析学家对实连续统的类似处理也是为了解决分析的算术化问题。同样,曲线的长度和曲线围成面积的问题的解决也归功于欧多克索斯的"穷举法"理论。

群论和伽罗瓦定理可以解决一般代数方程解的问题。在分析基础尤其是积分基础上提出的问题,只有借助于戴德金和康托尔创立的集合论以及波雷尔和勒贝格发明的测度论才能得以解决。

通常创立一个新概念会存在一些反对的呼声,正如前面已指出的康托尔创立无穷集合论那样。直觉主义的观念源于克罗克尔,但其体系主要是布劳威尔创立的。当用它来解决集合论中的矛盾时,它遭到了激烈的反对,直到今日其观点在数学界也只有为数极少的一部分人能接受。直觉主义作为一个完整理论,曾得到普遍认可,但其方法对于现存数学来说太过激进以至它遭到普遍拒绝。

然而,并不是所有提出的新观点都会遭到反对。欧多克索斯的比例理论就受到欢迎,伽罗瓦定理也是今天代数中的标准理论。康托尔的无穷理论之所以遭到反对,并不仅仅因为它出现矛盾,而是因为在数学和哲学中都普遍存在文化障碍,高斯的格言"无穷只是一种表达方式"就证实了这一点。改进后的无穷理论对现代数学具有实用性,似乎可以用来消除依然存在的反对意见。

(3)在可供选择的理论中建立次序的张力。在数学中一种理论可能会产生两种可供选择的理论,这些理论各有其优点,但是一旦合并却会导致失效与混乱。

---

① 可参考博耶(Boyer,1968:578-579)。

② 可回顾前面我们关于视觉和非视觉思考者的讨论。据推测,这可能是引起争论的原因,虽然蒙日和彭色列对于分析几何和综合几何都非常擅长。

在这种情况下引入次序通常会导致新概念框架的产生，框架的每一种理论都处于适当的位置上，克莱因的《爱尔兰根纲领》是一个典型例子，通过对现存几何的分析，克莱因认识到了变换群和几何不变量在辨别各种几何的特征时的重要性。由此产生的结果既有助于在几何领域引入次序，同时又可以激发起进一步的研究，至少相对论的时空观可以从整体上扩大几何的基础。

群的概念是 19 世纪末和 20 世纪初数学中的一个强有力的促进因素，其发展一直很缓慢，直到在伽罗瓦研究的一个世纪之后才有一个精确的定义。其对数学的普遍影响力致使其出现了公理化形式，并最终成为一个公认的数学领域。

艾伦伯格（Eilenberg）和麦克莱恩（MacLane）的范畴论有着更为独特的性质，虽然它诞生不久，但它在数学中的重要性却日渐增加。之所以在这里提出来是因为它最初的目的是对 20 世纪上半叶在代数拓扑学中已建立的各种同调理论进行分类、比较。顺带提一下，群论被广泛认可所花的时间与其早期研究所消耗的时间的对比，既体现了现代数学文化同一性的加强，也特别见证了以严格的公理化形式整合广泛概念的有效性和实用性的普遍被认可。

（4）对数学存在的新态度。最后，从更广泛的范围来讲，还存在着促使关于数学存在和所谓的"数学实在"的新态度产生的概念张力，这与数学哲学和数学基础有关。数学是由什么构成的问题还尚未得到一个令人满意的答案。① 当然，几种不同的数学文化同时存在的时代（如从古代中国到玛雅再到阿拉伯等）已经过去。有人可能依然能够指出各国数学兴趣的差异，但是，这些只不过是现代数学文化的一个微不足道的特性。可以说，由西欧、苏联、美国的数学主导的当今数学文化，不断向外渗透，对其他文化（诸如亚洲、南美洲及非洲）产生着有利的影响，并在不牺牲国家利益的前提下，推动着世界范围内的统一。

但即使是在欧洲文艺复兴时期数学的范围也比我们现在认可的广泛得多，特别是在应用方面。今天，特别是由于新分支的增多，数学的核心变得更加明确。然而，这并不意味着所谓"好"数学注定产生于数学系，虽然一般来说，它常常来源于大学或技术实验室。像费马、帕斯卡、笛卡尔等人那样把数学当成一个业余爱好或副业来研究的自由创造时代已彻底成为历史。虽然今天仍然有许多数学的业余爱好者，但他们的研究工作与上面提到的费马、帕斯卡、笛卡尔是不可同日而

---

① 那些对于文化的定义尚未达成一致观念的人类学家指出了他们和数学家们在这方面的困境。

语的,这大概是因为数学文化的发展已经达到了非常抽象的程度,只有专业学者才有可能做出创造性的研究。

鉴于上述观点,关于数学是什么,不同文化有不同的定义,不同数学家有不同的答案,这不足为奇。但这并不意味着在数学中的一切都是纷乱无章的。尽管有观念上的差异,但对于一些数学理论的认识通常是一致的。典型的例子可能要数欧几里得《几何原本》中的希腊几何。在大约 2500 年的时间里,《几何原本》一直被奉为“数学真理”,其公理和公设是如此“显而易见”,以致怀疑任何一个都会冒着被谴责的危险。诚然,平行公设曾被猜测是其他公设的逻辑结果,但没有人怀疑过它的“真理性”。

19 世纪随着非交换代数和非欧几何的引入,新的数学概念张力使人们认识到,庞加莱所指出的“数学是人类大脑的自由发明”是对 19 世纪末的背景的真实刻画,它代表一种信条,其实质就是数学并不受物理现实或绝对真理的概念的约束。这是为接受互相矛盾的代数和几何所必须要做出的让步。从此,数学中的“真理”不再是绝对的了,它仅仅与提出的基本假设相关。

这一新观念对新数学的建立大为有利,虽然它并不是绝对的自由。新理论引入的自由与现存的数学文化有关,只有挑选出数学允许的内容并对数学文化进行扩展之后,“自由”才能得以实现。这时再也不需要数学利用所谓的“实在性”来证明它本身。一旦我们能够证明某些概念对当前不断发展着的数学概念体系的意义,我们就可以自由引进这些概念。这个自由是暂时的,因为它受当前需要和数学利益的影响,在一个时期没有意义的东西在另一时期又会变得有意义。顺带提及,这又可以用来解释科学的一个历史的特征——超越时代的发明。历史提供了许多这样的例子:一些幸运儿在最恰当的时机公布了他们的发明,这些发明结果对当时来说具有重大的意义,然而后来的历史研究表明,这些发明在早前就已经有人做出。

当然,新概念的可接受性是相对的,因为新概念可能一度不被人接受,但当文化态度发生改变以后,就会发现接受起来毫无困难。可以推测,如果萨凯里所处时代的数学文化已发展到 19 世纪数学所达到的水平,那么他可能就已经获得了非欧几何的发明荣誉。就这样,他满足于带有欺骗性质的“欧几里得证明”,而这恰好符合他那时代的数学文化。即使 19 世纪的观念已经改变，但真正接受非欧几何的过程却并非一帆风顺。①

伴随着新"自由"出现，不可避免地依然会存在一些数学的约束条件。最著名的是克罗克尔的观点，他坚持数学应该以自然数为基础，并且只能建立在有限的构造步骤之上。这一观点直到 20 世纪初才被布劳威尔接受，当时布劳威尔认为它是一个没有矛盾的哲学原理，就如同新的集合论一样。

毕晓普的著作给出了关于"构造数学"的最新理论。② 数学哲学似乎已经做好接受这个理论的准备了，但如果数学建立在哲学观点的基础上，其"构造性"会相对减弱。数学中柏拉图哲学所占比重仍然相对较大。据推测，关于莱布尼茨技巧的证明和推广也将为柏拉图式的观点所接受。

（Ⅴ）地位

表示学科在数学领域的重要程度的一种文化性质通常称之为"地位"。

科学界以外的人可能还不知道，数学家们常常针对各数学分支的地位进行激烈的讨论。可以想象得到，个体数学家对他感兴趣的领域给予高度重视，尽管历史记录了在哲学批判的影响下个人观念的变化。③ 前文曾经提到过的克罗克尔，其因为对代数所做出的重要贡献而闻名，但他却十分蔑视现代数学思想（特别是康托尔的数学思想）。另外，纯数学和应用数学领域的数学家之间的分裂也非常频繁，我们曾列举 19 世纪初期关于"综合法"和"分析法"相互对抗的例子。

然而，其他非哲学的观念也影响着一个学科的地位。其中一个特别重要的影响因素是，该学科对数学以外的领域以及对与它邻近的科学（包括自然科学和社会科学）所起到的作用。古代代数和现代代数，因为其广泛的用途而获得了很高的声誉，数学分析也同样如此。在拓扑学中，由拓扑空间理论构成的"一般"形式作为分析学和现代代数的基础，获得了很高的地位。作为一个研究领域来说，也许几何地位没有达到文艺复兴时期的高度，但对数学家、工程师和物理学家来说，几何学提供了强大的知识，仍然具有重要的意义。

地位这一概念之所以重要，主要是因为随着地位的提高，能够吸引到更多富

---

① 参考怀尔德 1974 年第 44 页中间两段。

② 参考毕晓普 1967 年。

③ 比如集合论的观点为反集合论的人所接受，参考鲁金（Lusin，1930：27）。

有创造力的数学家,以及一些研究生甚至邻近学科的专业人员来从事研究。彰显一个学科地位的明显的标志就是从事这个学科发展研究的数学家的数量。这里提出的"人数比例"的概念,是指在某一领域的数学家的人数与全部数学家人数的比值,它同样也可以用来衡量一个学科的地位。然而,可以在当前发行的一些期刊(如《数学评论》)中,通过计算某领域所涉及的论文篇数和论文总数的比值来近似求得"人数比例"。

(Ⅵ)悖论

历史学家指出,早期希腊数学出现的两次大的"危机"是由不可通约量的发现和芝诺悖论引起的。危机的出现激发人们对真相的渴望,后来作为天文学家和数学家的欧多克索斯澄清了事实,成功破解危机。

所谓的数学连续统或者说实数连续统,一直是悖论的来源,常受到哲学家们的攻击。数学连续统促使了康托尔无穷理论的出现,伴随而来的是一些新的悖论(如罗素悖论、所有集合的集合)。然而,这非但没有阻碍其进一步的研究,[①]相反它成为了整个数学世界的挑战,消除矛盾的力量尤为强大,并且已经成功通过公理化形式进行化解。

虽然专业哲学家明显反对数学界对无穷悖论所提出的解决方案,但是大多数数学家,尤其是那些具有柏拉图思想的数学家却都接受它。因此,矛盾问题如今不再被看成是一个重要的推动力量,然而对悖论的研究却在继续。拓扑学已大大受益于其基本特征所产生的悖论,魏尔斯特拉斯发现的处处不可导的连续函数[②]也影响着分析学。数学家总是期待惊喜的出现,而悖论正是那个肥沃的来源。

3. 结论

所谓的"遗传张力"以及我们已叙述过的 6 个部分并不是关于数学推动力量的完整描写。渗透、概括、抽象等彼此独立又相互联系,遗传张力常常通过与它们的协作而起作用,但是除了这些文化力量外,我们还必须认识到心理因素的存在。

---

① 一些数学家确实放弃了对数学基础的研究,比如弗雷格。
② 虽然波查尔诺在更早的时候就已经发现了这一函数,但当时它的真实性受到质疑(甚至波尔查诺本人也曾质疑)。

　　一个最突出的心理因素就是竞争。即使在中学或大学里，教师也鼓励学生通过竞争来解决问题，并把这当成一个教学手段。对专业人员来说，他们为了在本部门得到晋升而产生了竞争。然而，我们认为这种心理因素仍然源于文化的压力尤其是环境的压力。人类学家知晓，有一些文化并不认可那些为了更高的地位而展开的竞争。但在我们的文化中，竞争是受到鼓励的，甚至被认为是"自然的"，我们提供奖项和荣誉，即社会学家默顿（R. K. Merton）所说的按劳付酬的体制来鼓励竞争。设立期刊的目的是为了能够快速将研究成果公布于众，并允许那些对某一领域有共同兴趣的人通过复印和其他廉价的复制形式来快速传播。①

　　并不是所有数学家都赞成这一观点。举个例子，如诺贝尔奖就把数学排除在外，并且倾向于把自然科学置于比数学更高的位置。然而，数学家们设立了他们自己的国际奖——菲尔兹奖，但是这些仅仅为数学界内部所知晓，它还尚未获得诺贝尔奖得主的普遍认可。

　　与此有关的一个现象就是对某一特殊问题的解决提供奖金，这是一种有效的手段但容易受到通货膨胀的影响。②

　　我们并不偏袒任何一方，把它们的存在仅仅当成影响数学进展的一个环境文化因素。我们也同样承认，有一些人因为爱好数学而去研究数学。印度数学家拉马努金（Ramanujan，1887—1920）是一个恰当的例子。③ 当我们充分了解了他们的早期生活后，再去研究这些个体与文化的关系可能是一个有趣的课题。④

　　这种情况并非是由内部因素（如遗传张力）引起的，因为内部因素通常会对已经沉迷于数学创造的专业人员发生作用。数学演变的心理学方面一般是对数学文化的一个反应过程，是个体对这一文化反应的一个综合。⑤

---

① 这是否构成一个"出版物"并不重要，但它肯定会提供关于结论的优先证据。

② 经典案例是：1909 年德国数学家沃尔夫斯克设立了一个奖项，一旦能解决费马问题，就能够获得 100 000 马克的奖金。但是这个问题一直得不到解决，这个奖项在德国后来的通货膨胀中消失了。

③ 关于他的事迹，可以参考艾亚尔（Aiyar）、拉奥（Rao）和哈代（Hardy）在 1962 年的文章。

④ 从拉马努金的事例中可以看出，发现问题的能力是取得成果的基础。有人想知道一个优秀的数学家多长时间玩一次填字游戏。

⑤ 关于数学创造的心理学研究，可以参考彭色列和阿达玛分别在 1976 年和 1949 年发表的文章。

第五章 结合：力量与过程

> "数学家先是创造了一些零碎的、复杂的、晦涩的、各自独立的理论，然而，又凭借深刻的直觉和方法的力量，使这些理论成为一个简单、清晰、统一的整体。"
>
> ——威纳（N·Wiener）

引言

第三章第5节中我们讨论了数学史上发生过的几次重大的结合，这一章，我们将把结合当成一种力量或一个过程来做更进一步的讨论。结合不是数学所特有的，而是文化中最普遍的一个特征，因此我们将这章分成两部分，在第一部分我们将站在一般理论角度去讨论这一问题，我们希望用这种方法能够避免讨论得太过专业，并且可以帮助那些不太熟悉现代数学的读者理解这一概念的伟大意义。

结合究竟是"一种力量"还是"一个过程"并非是本章想要讨论的重点。在很多方面，它像是一种力量，而在另一方面，它更像是一个演变过程。在生物进化中，自然选择是一种"力量"还是一个"过程"？一些人例如辛普森称它为"机制"（mechanism）（Simpson，1952：158），然而，如何命名并不那么重要。选择"结合"一词是因为它比"联合"和"合成"更能贴切表达它包含的意义。

当"结合"一词无法囊括所有元素的特征时，我们可用"合成"一词。1953年我在几个例子中用了"合成"一词，现在我更偏向于"结合"一词。例如解析几何这一术语，就包括了几何和代数（分析）。一言以蔽之，我们使用"结合"一词，其比"合成"更具一般性。

第一部分　一般理论

结合是在文化演变中最常见且最突出的一种力量。尽管如此，它的普遍存在似乎仍没有引起历史学家和科学工作者的足够重视。文化本身无疑就是结合的结果。这一过程不仅渗透到文化的演变中，而且也渗透到了生物的进化之中。结合作为一种"工具"，是人类活动重要的构成因素，特别是在发明的过程中。

我们在《数学概念的演变》和本书第三章第5节已经对结合行进了初步讨论。现在我们要继续深入研究。尤其是其性质和运作方式，以及它对科学工作者的重要性。在我们这些从事科学研究的人当中，大多数人都把指导我们的逻辑和其他的一些原则视为理所当然，通常这些都是我们从老师或前辈们那里学到的。虽然对于普通的研究者来说，对逻辑作特殊的研究似乎没有什么意义，但是，我们认为研究"结合"并非如此。尽管我们往往把结合当成一个工具加以应用，但通过对"结合"的研究有助于我们充分开发其潜能。

正如我们以前所观察的（例如，在《数学概念的演变》第93页），随着数学的演变，在个别领域不可避免地会出现一些近似的概念，于是数学家们会由此提出一个新的结构来囊括所有这些相似的概念。通过这种方式，数学家们在不知不觉中促进了结合的发展。作为一个有价值的工具，结合是每一个刚开始从事研究的工作者必须熟悉的过程，尤其是随着现代数学的发展，出现了越来越多的理论，它们为"结合"提供了更多的机会，专业化必然会导致"结合"。

除此以外，"结合"可能构成史学编纂者的一个重要的原则，把"结合"当成一个历史现象加以认识有助于对某些历史过程进行整理并系统分类。例如，一旦有渗透现象发生，通常就会产生"结合"。

下定义往往会有风险，因为很难保证其精确性和普遍性。在第三章第5节，我们已经给出了"结合"的定义，实质上它可以重新表述如下：

结合就是指两个或两个以上的概念、方法或事件 C_1，C_2，C_3，…之间的联结，从而得到比任何一个独立的 C_i 都更有潜力的一个结构。

例如，在整个生物学中，通过细胞的结合而形成的结构有着单细胞无法具备的性质。在增殖过程中，基因的互换与重组导致了"结合"的产生，这个"结合"决定了新个体的遗传结构。虽然生物学家似乎没有怎么去强调，但是由此看来，结合与自然选择的重要性是相当的。

另外一个典型例子是化学上的混合物和化合物。阿司匹林的性质不为组成它的碳分子、氢分子和氧分子中的任何一个所拥有。这一个例子清楚地表明了这样一个事实：结合的方式在化学中就是化学键的键合，决定着其最终可获得性质的类型。关于机械发明也可得到类似的结论。

研究机械发明历史的学者认识到，发明过程通常就是将先前的发明成果进行结合，以至于能够达到新目标或者对先前的发明进行改进。吉尔菲尔（Gilfillan）在 1971 年指出"发明就是旧思想的重新组合"。轮船的发明是帆船和蒸汽机的组合，喷气式飞机的发明是飞机和引擎的组合。但是这类发明不仅仅是简单的组合，它涉及若干精巧的小发明以及对部分结合的方式的深入研究。在刚刚提到的例子中，必须根据不同的情况发明不同性能的发动机。可以这么说，在每个情况里，最终产品都是原始组件的一个结合。发明更适合被看成是一种结合而不是简单组合。

在社会演变中，结合过程至关重要。家庭的组建、群体或部落的组织以及适合发展农业和畜牧业的稳定社会的建立，是最基本的例子。现代工业以及政治集团的结合也是值得注意的例子。

这里没有必要再继续引证这类例子。结合已经渗透到生物、物理、社会以及文化中。所有这些足以使我们得出如下的规律：

结合的产生会提升效率和潜力；结合后的实体的性质与原实体的性质完全不同。[①]

到底什么力量能够对"结合"产生影响呢？影响一个特定化学键的物理力量、渗入一种特定细胞或基因结合的生物力量、促使家庭和其他社会团体形成的社会或文化的力量，都或多或少存在着一些疑问。我们可以从某一种结合后的结构中察觉到它在实现某些目标方面的潜能。而有些解释看起来似乎有理，但事实上却带着拟人化的色彩，特别是在社会和文化结合的情况下。

然而，可以断言，结合普遍存在于演变过程中，结合必将产生新的更强大的形

---

① 实质上，这一规律最早出现在《数学概念的演变》第 6.4 节。必须强调的是，如劳埃德·摩根（C. Lloyd Morgan）和其他人所阐述的那样，结合是一个可以观察到的现象，它是一个缓慢演变的过程，也并不神秘，是一个自然结果。

式，这也正符合了上面所提及的结合规律。在每一种情况下都涉及时间，因为当前的"艺术状态"与结合的可能性密切相关，甚至那些声称享有充分创作自由的艺术家也无一不受到他所处的文化背景和环境的影响，他在被周围环境限制的同时，还受到其前辈们的影响。著名的贝多芬交响乐也同样借鉴了前任的一些伟大作品。自然科学家也会受到类似的限制，而且还会受到实验数据的制约，他的理论成果必然要符合实验数据，更别提技术对实验的影响了。特别地，对数学家来说，他一方面似乎享有像艺术家那样的自由，一方面又必然以他的前辈的研究为起点，[①]通过利用一些概念性材料来实现结合。

Ⅰa. 作为社会或文化现象的结合

作为一种社会或文化现象，可以从两个角度来认识结合过程：第一是从文化的角度；第二是作为一种个体的或者有意识的过程。这两者并不是完全分离的，因为导致个体结合的动机往往来源于文化（例如，轮船或汽车的发明），然而为了方便说明，我们把二者区别开来。

从文化的角度来看，概念和学科领域的结合经历了一段很长的时间，个人在不同时期所做的贡献不同，并且通常由多个人同时来完成。轮船、汽车以及飞机都是极好的例子。每一种发明都是文化力量一点一滴作用的结果，先是组件的发明，再是组件间的结合。在数学中，十进制的演变是一个典型的例子，十进制使用的是印度-阿拉伯数字和巴比伦的位值的结合，并最终出版了施泰文的《十进制算术》。近年来，数学中有关概念和学科领域的结合呈现快速发展的势头。

一般说来，近代才开始将结合视为一种有意识的过程。克罗伯在谈到（Kroeber，1948：352）机械发明时指出："绝大多数的文明史都缺乏精心设计的发明，后来大约在 13 或 14 世纪才开始出现，到 16 世纪持续增多，但直到 19 世纪才变得系统化且被引起重视……事实上，在理论科学和工艺技术尚未得到充分发展之前，有很多的发明是很难设计的，比如 17 世纪以前。"同样，在数学中各学科领域的结合在各学科达到专业化水平之前也是非常难实现的。然而，在古代它的确发生了，比如巴比伦的数字天文学和古希腊的几何天文学的结合。

对个体来说结合实质上是一种工具，它可以被用于发明，一旦个体无法解决

---

① 有关这一点的详细讨论可以参考怀尔德 1950 年著作的 264—265 页。

某一问题时,他便寻求其他的解决途径。飞机的演变历史表明,个体的结合行为是对文化力量做出的反应。在数学中,我们发现结合的工具性特征在"自由发明"的氛围中表现得最为突出,传统上要归因于非欧几何的发现。例如,今天的数学家会毫不犹豫地从被认为是不同的数学分支中去借用概念。事实上,可以认为这类结合为著名问题的解决提供了工具。然而,过去在某个特定领域的数学家往往满足于使用这个领域内特有的方法,从来没有考虑通过其他领域与他自己的领域的结合来产生新的方法和概念,但是这对今天来说已经司空见惯了。

通过这种方式解决了三大著名的问题:倍立方体、三等分角、化圆为方。前两个问题使用代数技巧,第三个问题使用分析技巧。几何概念与代数、分析概念的结合实现了任何一种经典方法都不能实现的目标。

Ⅰb. 渗透的作用

文化演变中的渗透现象常常是通过征服(像西班牙人使印第安人成为基督教徒那样)或者通过自发吸收(像平原印第安人使用马那样)来实现的。上面提到的实例中,每种文化都涉及了元素间的结合。印第安人将自己的本土宗教与基督教结合起来,例如,普韦布洛印第安人既效忠他们传统的上帝,也信奉于天主教堂的弥撒。平原印第安人为打猎和战争需要将他们的传统生活方式与马相结合形成了一种新文化——"平原文化"。以上两个例子表明,结合的过程并非一帆风顺。土著印第安人的基督教化并非没有遭到他们的文化抵制。另一方面,一般说来,"马的方式(horse-ways)"与传统的方式的结合是一个"自发"过程。

我们可能很难想象出那些在科学尤其是在数学中通过军事或政治力量而引起结合的例子,尽管这类事例的确发生过。当欧洲人征服非洲领土的时候,他们便把他们的计数系统强加给被征服者,于是被征服者们就将其与自己传统的计数系统结合起来。但当阿卡德人(Akkadian)征服古苏美尔人时,阿卡德人却将苏美尔人的数学符号与自身的计数系统结合起来。

如果一种文化与一种外来文化的某些方面结合后比原来文化更具有优势,那么就会产生文化的自发渗透。在数学中,最后一次的渗透现象发生在第二次世界大战前后,当时许多西欧数学家移民到美国并且以个人的名义把他们的思想与美国的思想结合在一起。这是一个微妙的过程,因为这个时期的数学带有世界文化的许多特征。不仅如此,它还使得美国在当时的数学领域处于领先地位。

必须强调，当一种文化 C_1 从另一种文化 C_2 中接受新元素的时候，不可避免地会发生结合，这是因为为了吸收新的元素，C_1 必然需要调整。事实上，在没有结合的情况下，很难想象从一种文化是如何向另一种文化渗透的。马在平原文化中完全是一个新的元素，但是为了把"马的方式"与传统方式结合起来，印第安人牺牲了他们的旧式雪橇，并且为了适应马，他们不得不对一些相关方式进行修改。类似地，在西欧文化中，十进制符号与先前的计数方式以及其他类型的记录方式的结合使人们不得不放弃当时流行的爱奥尼亚（Ionian）数字（一直持续到 16 世纪）、算盘以及其他正在流行的计数方式。

历史学家经常谈到商业的聚集中心是艺术和科学进步的中心，其理由是社会为习俗和思想的渗透及结合提供机会，而反过来结合又为社会发展提供更强大的力量。

第二部分　数学中的结合过程

Ⅱa. 例子
为了更进一步研究结合的影响因素，我们特别列出历史上 15 个重要案例：

1. 阿卡德人采纳古苏美尔人的术语如"乘以"、"求倒数"等作为特殊的数学符号；

2. 扩展巴比伦位值制来表示分数，即数字系统的结合；

3. 托勒密的《天文学大成》中提到爱奥尼亚数和巴比伦位值制的结合（参见第三章第 5 节）；

4. 印度求积法、美索不达米亚的方程解法、希腊几何代数的结合形成了阿拉伯代数；

5. 数与直线的结合构成早期分析学的基础；

6. 艺术和绘图中的射影概念和欧氏几何的射影概念结合形成射影几何；

7. 代数与逻辑结合形成数理逻辑；

8. 代数与几何结合形成解析几何（参见第三章第 5 节）；

9. 在数论研究中引入代数和分析；

10. 各种数学结构的特征结合形成抽象群论；

11. 泛函分析：函数概念与抽象空间中点的概念的结合；

12. 点集拓扑和组合拓扑结合形成代数拓扑的基础；

13. 数理逻辑与集合论结合从而使集合论中的基础问题得以解决；

14. 数学理论与物理学理论结合形成数学物理学（在应用数学中发现的一种特殊的结合情形）；

15. 在分析学（例如级数求和）和拓扑学（例如紧致性）中有穷和无穷的结合。

当然，上述列举的并非详尽无遗，并且，所列举出的并不一定是数学史上最重要的结合。例如，上述任意一个都不能与微积分基本定理相比（微积分基本定理是微分和积分的结合），也不能同复数与平面上点的结合相比，复数与平面上点的结合同实数与直线结合相类似，它奠定了复分析的基础。尽管如此，但还是可以通过这些例子来说明结合是怎样产生的，更精确地说，通过它们可以展示文化演变中的力量作用于结合的过程。一般地，结合并不能由单独一种力量所引起，它的产生是几种力量共同作用的结果。

在本章的第一部分，我们已经提到在渗透过程中结合发生的频率。在上面举的例子中，有几个例子属于这类情况？当然在 1、3 和 4 中，渗透的影响是显著的，案例 1 是在阿卡德人文化与苏美尔人文化之间符号结合的例子，它似乎是偶然发生的，因为算术是一个完全遵守自然语言的领域，这对操作技术来说是一种阻碍。虽然有些数学领域，尤其是一些主要依赖于逻辑推理的学科（综合几何），在没有任何表意符号（虽然经常要使用图形符号）下能够取得进展，但代数却只有引进了特殊符号后才能够取得发展，于是这体现了案例 1 中结合的重要性。

案例 3 在巴比伦算术天文学与希腊几何天文学的结合中起着决定性作用。如前所述，这种结合被普赖斯（Price, 1961：Chap. 1）视为是打开西方科学大门的钥匙。托勒密（Ptolemy）通过用爱奥尼亚数字替代繁琐的巴比伦数字来简化六十进制的巴比伦表。虽然六十进制正在被十进制所替代，但现代使用的度、分、秒也是参照了托勒密的做法。[①] 案例 3 中符号起了重要的作用，尽管在案例 1 中，其表现得并不明显，但仍有可能存在。

在案例 4 中，渗透的作用是显而易见的。希腊和东方的基本数学概念被奇迹

---

① 这是关于度的小数形式。分、秒和秒的小数与小数的演变是一致的，虽然其本身是六十进制和十进制的混合。对此，诺伊格鲍尔（Neugebauer）评论道，"有趣的是，通过希腊人、印度人和阿拉伯人长达 2 000 年的努力，才得以从美索不达米亚的天文学知识中提炼出这样的一个数字系统"。

般地保留下来，并最终将其扩散到了西欧（更多细节请参考 Boyer，1968：254 -
257）。源于早期希腊手稿的阿拉伯思想以及后来吸收了阿拉伯和希腊数学的西
欧数学，从整体上看都是一个不断结合的过程。

然而，渗透并不是导致数学中结合的唯一因素。数学演变中其他过程或力量
也会导致结合的发生（参看 EMC：chap. 4）。其中最突出的要数在第四章讨论的
遗传张力。就结合而言，案例 2（扩展巴比伦位值制来表示分数）涉及了遗传张力
和符号张力。分数运算曾被视为一项繁重的工作（例如，埃及单位分数的使用），
有明显证据表明巴比伦曾使用过分数 $\frac{1}{2}$、$\frac{1}{3}$、$\frac{2}{3}$、$\frac{5}{6}$（参见 Neugebauer，1957：
26）。不幸的是，对于巴比伦人利用位值制来表示分数的根源，我们知之甚少，但
这似乎为苏美尔人所知。所以，虽然我们能够从逻辑上推断在位值制与分数的结
合中，遗传张力尤其是符号张力起着重要的作用，但是我们却无法了解其历史
事实。

案例 5 为我们提供了遗传张力作用于结合的一个现代例子。从古希腊时代
开始，数学家们就已经把数与直线联系起来。从这个意义上说，一个数可以与一
条已知长度的线段一一对应（以预先设定的单位来计算），这条线段的长度就等于
这个数——希腊人称之为"大小"。正如我们以前观察到的，由于希腊人无法利用
原来的数字来表示无理数，于是他们提出了这一概念。同样，早期欧洲数学家能
够证明：如果一个多项式分别在 $x = a$ 时为负，在 $x = b$ 时为正，那么必存在 a 与
b 之间的一个值 x，使得这个多项式的值为 0。因为它从 a 到 b 的过程中，必穿过
0。[1] 直到 19 世纪后半叶的"分析的算术化"时期，实数与欧几里得的几何直线的同
构性才被建立起来（"康托尔公理"）。相对于"分析脱离几何"的观念，其重要性在于
它不仅为早期分析对几何的依赖性的说明提供了理论依据，而且为实变函数和复变
函数中的相关理论提供了几何解释（作为一种直观感知），毫无疑问，不管是泛函分
析还是点集拓扑，所建立的几何直观是引入抽象空间方法的一个关键因素。

案例 6 借鉴了一个领域的理论方法，[2]即艺术和绘图中的透视和投影的理论

---

[1] 波尔查诺在 1817 年提出了关于该定理的一个有趣的证明；它承认了传统几何对分析的依赖
性，因为它需要通过分析来证明。

[2] 这显示是关于伊莱恩·科佩尔蒙（Elaine Koppelman）所说的"移植"（transplantation）的一个
例子，可参考 1975 年科普曼的文章。

方法来进行结合,通过纯几何形成射影几何。这一结合涉及了文化张力和概括。因为文化上的需要,文化张力首先使得射影几何的先驱者①笛沙格在建筑和工程问题中应用射影的方法;概括是因为他发现在射影几何中"一旦证明了圆的情况就得到了证明所有圆锥曲线问题的一般方法"(Kline,1972:300)。固然,笛沙格和他的同事在 17 世纪所做的基本工作注定要在 17 世纪末消失,直到一个世纪后才由彭色列和其他人继续完成。②

案例 7 提供了一个极为有趣的例子,因为所涉及的两个学科(逻辑、代数)的出现相隔很长一段时间,然而它们最终还是结合了。出现这种情况的原因是在结合取得成效之前,代数学必须经历漫长的演变阶段。作为对比,我们可以回忆已经在第三章第 5、6 节提到的希腊时代几何与逻辑的结合。遗憾的是关于这一点的历史细节很模糊,但有一点是清楚的,那就是逻辑被移植到几何当中去了,而在数理逻辑中,则是代数被移植到逻辑之中,后者归功于乔治·布尔,但不能认为是布尔第一个创造了数理逻辑。数理逻辑的概念并不是新的,在布尔之前还有先行者。对于这几点的讨论,可以参考贝丝(Beth,1959:Chap.3)。有趣的是,贝丝评论道:"逻辑富有成就的改革只有在纯数学中才能体现其价值,但可惜的是在很长一段时间里数学都无法为逻辑提供其所需的帮助。"换句话说,在数理逻辑产生之前,必须创造抽象代数。很清楚,从贝丝关于数理逻辑(有时也称为符号逻辑)的演变的描述来看,在结合中起重要作用的是遗传张力,并且以符号张力(莱布尼兹在寻求推理的演算时曾举例说明过)的形式来呈现数学文化,这种现象持续了好几个世纪,同时在结合中抽象与概括的力量也是最常见的,对于这一点历史可以作证。

案例 8 是结合的一个最典型的例子,我们在第三章第 3 节已经讨论过。韦达在代数学方面的基本工作(比 17 世纪的代数家都早)主要是针对代数在几何上的应用,这一工作在后一世纪他的后继者(包括解析几何的发明者笛卡尔和费马)那里得到继续,一般来说,当一条理论被几个人独立引入的时候(像解析几何同时被笛卡尔和费尔马引入那样),就可以有把握地推断遗传张力已经发挥作用。借助于公认的表达方式,新理论得以流传开来。在这种情况下,我们还有这样一个事

---

① 然而 17 世纪并没有使用"射影几何"这一术语。

② 第六章将针对这一现象的原因进行详细分析。

实：17 世纪曲线尤其是圆锥曲线的性质在天文学、光学以及军事科学领域的应用曾起着重要的作用，所以环境（文化）张力明显扮演着重要的角色。

案例 9 使我们回忆起在第一部分提到过的几何的三个经典问题（三等分角、倍立方体、化圆为方）的解决。借助于现代代数和分析的技巧，我们找到了起源于一个古典学科的问题的解决方法。数论中一些有趣的定理，例如素数定理，如果不具备基本的分析学知识就无法理解。反之，许多数论的结果不仅对代数和分析重要，而且对于像数理逻辑和拓扑学这样的现代学科也很重要。[①] 遗传张力、抽象和概括在这些例子中的作用非常明显。

案例 10 向我们展示了在现代数学中表现得越来越普遍的一种特殊的结合形式，这在第三章第 7 节中已经讨论过。当各种不同的理论的某些方面（如运算）呈现出共同的模型时，可以将这些部分进行结合，形成关于该模型的理论。群论中，抽象和概括产生了与在代数和几何领域中类似的一些理论，其可辨别的性质为结合提供了基础，这个结合定义了一种抽象群。

应该认识到遗传张力在所有这类结合中都起到一定作用。因为对从不同的理论中选出特殊性质作为一个新理论基础的需要已经变得越来越明显了。在新理论自身得到充分发展之后，它就可以应用到新旧数学分支当中（例如，群论里的环、域等）。

在案例 11 中我们发现，在 19 世纪末和 20 世纪初我们就可以辨别出现代数学的一些最典型的特征。这里我们可以通过研究一些数学分支，尤其是代数和拓扑学来说明。始于 19 世纪的分析的代数化以及从研究个别函数向研究全体函数类的转变，自然需要借用拓扑学中函数空间的概念。20 世纪初，弗雷歇（Frechet）在他的一般分析里引入了抽象空间，稍后相继出现了 Banach 空间，Hilbert 空间等。这个领域的发展过程太庞杂，我们无法在此详叙，但幸运的是目前已经有足够的

---

① 法国著名数学家让•迪厄多内（Jean Dieudonne）对数学演变过程非常感兴趣。因此在他最近的一篇文章中他讨论了"合成"的作用（这一过程与"结合"非常类似，只是说法不同而已），他提到，"我的论文的中心论点中的数学结论常常是通过两个或多个主题合成而来的"，并引用了案例 8 的例子以及案例 5 中复分析的例子。他还提到数论中可以使用分析来解决的例子。然而迪厄多内的方法是属于"合成"现象还是属于文化方法的一部分我们还不得而知，但我偏向于前者。我不仅在 1953 年的著作中使用了"结合"这一术语，而且在《数学概念的演变》中也同样使用过。

出版物可供读者参考。① 我们可以从现代数学整个发展过程中辨别出诸如遗传张力、渗透、抽象、概括以及影响分析、代数和拓扑的一般结合的子结合等力量的作用。在这个过程中不容忽视的是，有效的符号化可使抽象理论的论述得以简化。

案例 12 提供了由于遗传张力以及紧接其后的概括和抽象而产生的结合的一个极好的例子。直到大约 20 世纪 20 年代，拓扑学已经沿着两条主线发展，其一通常称为"组合"，这易于为经典代数所接受；另一种被称为"连续"或"集合论"，它具有集合论的应用所必需的特点（参见第三章第 2 节）。

夫立（Sochoenflies）在 1908 年发表的一篇题为《点集理论的演变史》的文章中利用集合论的方法抨击了平面拓扑学，并且在其中补充了多边形的性质。因为他本人打算研究平面上点集的结构（格式塔），所以他自然而然地会将众所周知的欧几里得结构（尤其是多边形）与点集构成的结构相结合，即将欧几里得平面几何移植到拓扑学中去。而且他希望他的研究可以扩充到 3 维空间或更高维空间，但是如果要实现这一点，就还需要了解表面连通数的知识。这类数已被早期研究者引入，尤其是黎曼、贝蒂和庞加莱，并且成为组合拓扑学中的一个主要课题。到 20 世纪 20 年代，其在一般空间同调论中已经发展到了可将点集拓扑与组合拓扑相结合的程度。②

关于案例 13，我们在第一章第 4 节曾经讨论过，不适合将数学比作一棵树，其中我们提到了利用数理逻辑解决集合论中问题的方法。如著名的康托尔"连续统"假设、Souslin 问题，以及其他分析、代数和拓扑学问题的解决就属于这种情况。数理逻辑和集合论的结合有助于问题的解决。

典型例子是选择公理（AC），它可以叙述为：对无穷多个非空的彼此不相交的集合 S_i，总可在每一个集合中取出一个元素组成一个新的集合 X。这是一个非常有用但却颇具争议的集合论公理，它是如此的显然以至于在它出现之前人们就已经无意识地使用它了（特别是康托尔），集合论公理化被提出以后（例如，Zermelo-Franenkel，即 ZF 公理），紧接着就产生了关于选择公理与 ZF 公理的独立性问题。

① 例如蒙纳（A. F. Monna）在 1973 年出版的精美著作《历史视角下的泛函分析》（*Functional Analysis in Historical Perspective*）或《大英百科全书》1974 年第 15 版第 1 卷第 757—772 页。

② 由于这不是一个历史事件，因此我们省略了细节，比如布劳威尔在 1910～1913 年间的研究（其中包含了同调论的细节）以及亚历山德罗夫和切赫关于一般空间同调论的延伸。对于上述涉及"结合"的细节摘要读者可以参考怀尔德 1932 和 1949 年出版的著作。

为了证明独立性，哥德尔和柯恩在模型基础上，利用数理逻辑证明了选择公理的独立性，特别是，把选择公理添加到 ZF 公理后能构成一个相容的系统（如果 ZF 本身就是一个相容系统），并且把选择公理的否定形式添加到 ZF 中也是相容的，因为存在模型使得两种情况都成立。所谓的连续统假设也是用同样方式处理的。已经表明许多集合论的理论不能从集合论内部所谓"合理的"假设得到证明。因此，根据我们所选择要添加的公理，我们可以得到不同的集合论。

然而柏拉图主义者却对此极为不满，因为他们相信像选择公理这类假设或真或假，以及所谓的选择公理独立于普遍接受的集合论公理的推测只不过说明了集合论的公理还没有完全被发现。有关的详细讨论可以参考蒙克（Monk，1970）、怀尔德（Wilder，1975）、鲁金（Rudin，1975）的著作。

案例 14 是应用数学中关于结合的一个典型例子。其通常会产生两种结果：提出新的数学理论或物理理论，很多好的数学理论都是受到了来源于物理学的文化张力的影响；并且一般来说，数学物理通过数学理论解释物理现象，对它自身的遗传张力做出连续反应。应用数学中还有很多类似的例子。

案例 15 则并不寻常。无穷的概念是数学家和哲学家几百年来一直争论的话题。即使最基本的自然数 1，2，3，…也涉及数学类的无穷问题。一个思维学派坚持这些数仅构成一个"潜在的"无穷，它们看似一直在延伸，但实际上并非永无止境。而集合论学派却将"所有自然数的集合"视为一种实际存在的无穷。这里我们不打算对两种哲学进行评价，我们感兴趣的是现代数学的无穷类是怎样与那种仅仅承认有限的数学结构结合起来的。例如，关于自然数的集合，借助数学归纳法，对有限子集成立的几条性质可以被推广到整个集合，使其对集合内的所有元素都成立。此外，为了把自然数扩展到超限数，还发明了超限归纳法和一些其他的方法。在拓扑学中，也出现了类似的情况。例如，闭集有限交的性质（即所有集合的非空交集）可以从有限的情况推广到无限的情况。关于无穷小量发明了 "ε"。在所有的例子里，遗传张力是最明显的推动力，这深刻揭示了康托尔的名言："在逻辑上我被迫接受完全无限的观点，这与我的意愿相违背，因为它与我所珍视的传统相矛盾。"当然，概括与抽象在这个过程中也扮演了重要角色。

Ⅱb. 结合过程中的文化滞后与文化抵制

通过结合我们取得了很多成果，但很奇怪的是，结合却不少受到抵制（数学上的抵制类似于对某一个新发明的抵制，会导致研究者失去工作）。在解析几何被发现以及那些用来解释几何的特殊符号模型被普通接受之后，几何中所使用的传统的综合论证方法遭到了强烈的文化抵制，同时也是笛沙格及其同事的研究遭到17世纪的数学家抵制的复杂因素之一。然而后来，特别是在19世纪，分成了两派，一些杰出的数学家偏爱"综合法"，而另外一些则偏爱"分析法"，关于这两种方法的争论随之展开，并曾一度达到白热化的程度。"分析学家和（综合）几何学家之间的对抗变得如此尖锐，以至于作为纯（综合）几何学家的斯坦纳（Steiner）对《数学杂志》主编克雷勒（Crelle）提出威胁，如果克里勒继续发表普吕克（Plucker）的分析学论文，他将拒绝为《数学杂志》撰稿。"（参考 Kline，1972：836）

20世纪初出现了类似的情况，一些拓扑学家抵制代数与拓扑的结合，于是一些点集拓扑学家和组合拓扑学家产生了对立，组合拓扑学家抱怨①说他们必须熟悉大量关于抽象空间、连续曲线的文献，这些文献主要来自于集合论派。在另一方面，点集拓扑学家又拒绝将代数技巧补充到拓扑学中去。

上面两种情况体现的文化抵制无疑是由复杂的原因引起的，一个明显的原因就是对于综合学派（点集拓扑学派）来说，代数或分析方法在符号结构中隐藏了证明当中实际的几何意义。类似地，卡诺（Carnot，1753—1823）希望"将几何从繁杂的分析符号中解放出来"（Kline，1972：835）。相应地，分析学派（组合学派或代数学派）则认为，他们的方法避开了几何细节，显示出简洁和优美的特点。也可以这样说，在几何中使用分析的方法，虽然远离几何的"现实"，但是，却加大了抽象的程度。在某些情况下，当掌握的方法已经足以用来解决当前所出现的问题时，如果还要学习一些新的方法就显得有些勉强了。当前很多点集拓扑学家研究的一般空间问题用他们原有的方法论就可以解决。两个学科之间产生的结合并不意味着学科本身就要停止使用其传统的方法，例如，综合几何还是继续存在着。

Ⅱc. 分析

在《数学概念的演变》一书中列举出的参与到结合过程的所有力量中，最突出的是遗传张力和渗透。

关于遗传张力，它的两个组成部分，即能量和概念张力［第四章第2节（Ⅰ）、

---

① 个人交流。

（Ⅳ）]是这里最常见的能起作用的形式。当一个学科通过长期研究而极大地耗尽了其能量的时候，那么这个学科要么会丧失其生命力，要么通过注入其他学科的思想而重获能量。如果这类思想的确存在，那么按照结合的规律，它们最终会被发现、被拿来借鉴并会与这个学科发生结合。即使一个学科的能量还未丧失殆尽，为了促使概念的结合，概念张力也会促进思想间的相互借鉴。作为遗传张力的组成成分之一，挑战[challenge，第四章第2节（Ⅲ）]也是结合常见的推动力，因为一个特定学科所产生的问题往往需要通过借鉴其他学科来解决。这一现象在现代数学中已变得越来越普遍。

在古代，渗透通常属于跨文化的表现形式，而今天观察到的更多是跨学科。的确，数学中仍然存在民族特征，尽管它不像古代时那么单一，因为古代还不存在民族间的交流。前面所提到的二次世界大战之前的美国由于移民产生了一系列结合，在一定程度上为此提供了证据。然而今天，数学本质上还是一种单一文化，所以在结合中最常见的渗透还是一种跨学科的表现形式。

通过观察上述15个案例中存在的不同特征，我们根据其涉及的实体对结合进行分类。例如，像案例8那样的学科结合就是结合的一个类型。不巧的是，其中存在一定程度的任意性，因为不可避免会涉及关于"学科"是由什么构成的问题。另外，有可能乍一看以为是一个学科的结合，结果被证明是方法的结合。

例如，案例12，初看起来像是学科之间的一个结合，但从一般的角度去考虑时发现其实却是方法的结合——集合论和组合方法的一个结合。[①]同样，案例2既可以被认为是符号的结合，也可以被看成是关于数字系统的结合。

因此，根据所涉及的实体来确定结合类型并不总是行之有效的。

第三部分　总结性结论

在本章结尾，我们针对结合提出一些观察结论。

根据引言给出的定义，一个结合需要多个实体 C_i 才能得以完成。这提醒我们，多元化是结合的一个必不可少的因素。甚至是不同文化间元素的偶然结合，

---

① 对于这一点的讨论可以参见1932年怀尔德文章的第一部分（在该文章中的"统一"一词与这里的"结合"一词互为同义词）。

如果没有文化的多样性，那么结合也就不可能发生。案例 1 中，语言的多样性——苏美尔语和阿卡德语是必不可少的前提条件。在现代，专业化导致的多元化是最常见的因素。随着专业领域的不断发展，新的概念与方法不断产生，专业之间或方法的相似性最终导致模式（像群论或范畴论）的结合或学科的结合，数学在其他学科中的应用很大一部分取决于数学概念能否可以与物理假设结合，从而形成更一般的理论。

与发明一样，科学尤其是数学中的重大进展往往来源于结合。有时候需要对历史背景作深入的研究，观察是哪些地方发生了结合，例如，起源于希腊几何的公理化方法及其逻辑演绎推理的应用，显然是在遗传张力的推动下哲学概念与数学概念相互结合的结果。上面我们已经对天文学中由于几何和算术理论的结合所取得的重要进展进行了评论。代数与几何的结合使 17 世纪的分析学取得了重大进展，抽象代数与逻辑的结合促进了数理逻辑的诞生，甚至集合论也是数论概念和集合概念结合的结果。

同样，我们也不能忽视 17 世纪初研究院的建立对数学，或更一般地讲，对科学进展的影响，组建或大或小的组织以便交流思想是当时的一个趋势。今天，我们已经有了国际数学联合会，它把世界各国主要的数学学会汇合在一起，在更小的层面上来说，它将世界各地的数学家们所感兴趣的问题和方法都汇集在一起。

对于作为文化体系的数学的发展来说，结合是最重要的力量。事实上，在实现人类目标的过程中，不管是操控自然或是顺应自然，还是知识目标的实现，我们自然会想追求更高的效益。而结合几乎参与了所有这些行动。

第六章　意外的个例：数学演变过程中的反常现象

……数学的发现，就像春天的紫罗兰一样，有它花开的季节，人们的努力既不能延缓也不能加快它的进程。

——贝尔(E. T. Bell)

1. 总论

在第三章，我们提到了一些历史事件，说明数学史的进程受到一些特定文化力量的影响。这一章我们还要继续对超前现象进行讨论。所谓"超前现象"，就是由于缺乏充分认识的契机，使得新概念或新学科出现后，需要等待一段很长的时间才得以进一步发展的现象。因为新概念通常由个人提出，所以我们要研究个人最初提出这些概念的原因以及为什么他们的思想没有被接受的原因。这类事件在科学史上被称为反常现象。

对反常现象（即偏离常规）的研究容易产生关于常规现象的有价值的信息，或者促使新的概念的提出，这一点已经被充分认识到了。任何一个领域都可以举出这样的例子。当一个新理论或一门新技术被同时期相关的文化所忽略或逐渐被遗忘，而过了一个时期后它又重新被认识、被创造，并且发展成一些成熟的分支或新的研究领域时，我们可以判定这是"超前现象"。在这种情况下，我们说最初的发明者之所以可以取得成就，是因为其以某种神秘的方式比他同时代的人"看"得更远，而这些成就，仅仅在事后才被真正认识清楚。然而这并不是对于"超前现象"最好的解释，更多的是要问：为什么他会"看"得更远一些，即为什么他能站在时代的前列而同时代的人却没有跟上？

倾向于心理分析的人可能想通过分析个体的思维过程以寻求答案，但这通常都要借助关于某个人的家庭、成长等一些值得怀疑的、不充分的历史数据才能做出判断，最后得出诸如这个人是"天才"、"预言家"这些令人不满意的甚至有点神秘的结论。如果在不忽略这些问题的前提下，研究他与他的文化以及他感兴趣的领域之间的关系，探寻可能引发"超前现象"研究的环境，可能会更富有成果。我们无疑可以断定他是个不寻常的人，也许是一个"天才"，但是如果缺乏动力或思想基础，他的创造力就不可能得到充分的发挥。

孟德尔(Mendel)是一个经典例子。虽然他在豌豆方面的研究成果发表在一本不太出名的刊物上，但是后来却被《英国皇家学会科学论文目录》(*Royal Society Catalogue of Scientific Papers*)摘录，并且还被其他刊物多次引用，后来在孟德尔与耐格里的通信中进一步证实了他的研究没有被忽视的事实，但是他的研究一开始根本不被理解，至少在遗传学中是如此。关于这方面的详细情况很容易获得，人们已经对孟德尔的研究动机做了一个全面的调查[例如参考伊尔蒂斯(Iltis, 1966)和泽克尔(Zirkle, 1951)]，同时新的调查结果使得我们很容易弄清楚为什么孟德尔的成果直到他去世很长一段时间后才得到应有的重视。用泽克尔的话说："我们……在强调一个不寻常的巧合，在孟德尔之前，孟德尔遗传学说的组成部分已各自独立被发现，有些是通过植物杂交而发现的，有些则是通过蜜蜂的繁殖而发现的。几乎没有一个生物学家注意到在这两种情况中获得的数据。孟德尔遗传学说实际上就是植物杂交和蜜蜂繁殖二者的综合创造。"一句话，孟德尔在做实验和提出遗传理论的过程中完成了一个精彩的概念结合。另外，尽管我们不难找到他的理论最初被忽视的理由，但其实也并没有那么超前，因此他的研究成果才得以被及时发现，并且作为现代遗传学的基础。

并非所有理论创造者都有如此经历。数学家们都很熟悉那些用第二次发现者的名字而不是用最初发现者的名字来命名的概念和定理。很多理论也会出现类似的情况。也许博尔扎特(Bolzano, 1781—1848)，一个来自波希米亚的牧师有着与孟德尔相似的境遇。他在实分析基础方面的许多研究成果，直到将成果荣誉授予他人之后才逐渐被重视，而他提出的作为现代维数理论雏形的拓扑学性质现在才开始被认可[参见约翰逊(Johnson, 1977)]。

数学中一个更有趣的现象发生在法国著名军事工程师和建筑师笛沙格(Desargues)身上，他的理论从被提出到被认可，期间间隔了一段很长的时间。1639年，他发表了一部著作，这部著作作为射影几何学奠定了一个很好的基础，而当时射影几何学还不为人知晓。但与孟德尔一样，他的研究当时并没有得到赏识，直到最后完全消失，并且在长达近 2 个世纪的时间里它实质上已经被遗忘！当时他的研究成果远远领先于他所处的那个时代，这值得我们深入地研究。

当一种数学理论消失的时候，人们可能希望从文化的诸因素，包括内部因素、环境因素去寻找原因。具有创造力的个体总是能够开发出一些具有足够潜能的理论，如果理论消失，我们总希望能够在其他地方寻找到消失的原因。17 世纪是数学人才辈出的世纪，笛卡尔、费马、帕斯卡、牛顿、莱布尼兹是其中最突出的人物。笛沙格的例子被历史学家波德（Poudra，1864）和塔顿（Taton，1951a）研究过，而且后者更具有权威性。另外还发表了一些针对性的文章，如塔顿（Toton，1951c，1960）、斯温顿（Swinden，1950）以及考特（Court，1954）。因此我们已经掌握了关于笛沙格及其研究工作的许多细节，对于笛沙格的研究为什么不受重视的原因也达成了共识。

这里我们打算从文化的角度去分析当初引发笛沙格的研究工作然后又导致它消失的文化因素。为了便于比较，我们还将研究大约 2 个世纪以后不知情的数学家又重新创作的缘由。我们认为，这是一个较为清晰明确且极富启发性的"超前现象"的案例分析。它既涉及了这个事件的前后文化环境，也提到了它后来在一个更宽松的数学文化环境中的突破。[1]

2. 笛沙格研究的历史背景

我们将简要地回顾一下历史细节。因为"射影几何学"这一名称直到 19 世纪前才被引入，而且为了简便起见，我们将用符号"PG17"来表示 17 世纪笛沙格及其同事的研究工作，也就是后来人们俗称的"射影几何"。（"PG17"即 17 世纪的射影几何）

对熟悉数学演变模式的人来说"PG17"是一个典型案例，因为它是作为文化条件的结果而出现的，但当时的条件并不利于它的发展。15 世纪和 16 世纪初文艺复兴时期的画家开始从中世纪呆板和虚幻的艺术中解放出来并转向"现实主义"。

---

[1] 我对笛沙格的研究兴趣来源于 17 世纪数学对射影几何的"无视"，可以参考《数学概念的演变》中博耶的评论。

幸运的是,这些人与我们现在讲的"画家"或"艺术家"不同,他们除了是画家和数学家以外,在建筑、桥梁工程等方面也有着娴熟的技艺。绘画中的现实主义需要对透视进行研究,以便在 2 维画布上呈现 3 维效果。阿尔伯蒂(Leone Battista Alberti, 1404—1472)和杜勒(Albrecht Dürer, 1471—1528)开展对透视的研究,达芬奇(Leonardo da Vinci, 1452—1519)和皮埃罗·德拉弗朗西斯卡(Piero della Francesca, 约 1416—1492)是坚持把几何作为艺术基础的最杰出的 2 个代表(参考 Kline, 1953, Chap. 10)

透视的基础就在于把眼睛看成一个点,这个点与物体之间的射线可当成一个锥体,而画布被视为一个立在眼睛和物体之间的屏幕,得到这个锥体的截面。于是,诸如如何将这一截面画出来,就成了一个亟待解决的实际问题。阿尔贝蒂提出了一个注定对数学起着决定性作用的理论问题:一个物体的什么性质会保留在截面中?或者更一般地说,设有两个不同的平面以任意角度截同一个锥体所得的两个不同的截面,它们有什么性质?透视的研究导致了科学绘图艺术的出现,并涌现出了一批卓越的数学家。

在 16 世纪下半叶,商业的需求促使在制图中应用投影,这象征着应用类型的转变,并且涉及了各种新的投影类型(Boyer, 1968:327 - 329)。

2a. 笛沙格与 17 世纪的射影几何

虽然我们对他的生平知之甚少,但是,可以肯定笛沙格(1591—1661)精通建筑和工程,并且对经典几何怀有浓厚的兴趣。他对这些手工匠手,比如切石匠和仪表制造者所使用的技术尤其感兴趣。正是他们在对几何规则的实际应用上的吃力表现才导致笛沙格用他所擅长的几何的过程知识去简化和编纂(codify)他们在透视中遇到的问题。1636 年他出版了反映他透视思想的小册子,1640 年又发表了关于透视在建筑的绘图设计和日晷仪中应用的一篇短文。根据塔顿的看法,这项工作表明了笛沙格对这些建立在工艺基础之上的画法几何学的基本规则有清晰的理解。[①]

---

① 萨顿在 1950 年的著作的第 300—301 页中引用印度支那皮埃尔·胡尔德(Pierre Huard)教授的论点,其大意是早期引入日本的著作之一就是简·巴伦(Jan Baron)于 1964 年用荷兰语翻译的笛沙格关于透视的论文。斯温登(Swinden)在 1950 年把笛沙格的著作列了一个表,塔顿在 1951 年给出了 *Broullon projet* 的纲要。

然而笛沙格却遭到了同行的嫉妒，并卷入与国王的秘书(J·Curabelle、Beaugrand)等人的一系列纠纷之中，这些事致使他从 1644 年开始拒绝在任何刊物上发表文章。[1]

然而笛沙格的兴趣并不局限于实用艺术，有明显的证据表明他熟悉阿波罗尼奥斯(Apollonius)关于圆锥曲线的著作的最新译本以及帕普斯(Pappus)的有关著作。到 16 世纪 20 年代他已经成为巴黎迈尔森(Mersenne)团体的一名成员，这个团体每周定期碰头一次，讨论数学和哲学问题。后来，他成为笛卡尔(Rene Descartes)的亲密朋友，而笛卡尔对几何也抱有浓厚的兴趣。但是，当笛卡尔用代数方法处理几何问题时，笛沙格却站在综合几何的派别一边。当他转向去研究几何应用时，他开始考虑是否可以将透视理论应用到几何中，结果他将透视的方法同锥体属性的研究相结合。他开始意识到，通过研究作为圆的射影的圆锥，从而确定由圆保留下来的不变性质，可以大大简化关于阿波罗尼奥斯结果的推导。[2]

笛沙格最经典的研究，我们称之为"PG17"，是几何投影的开端。《试论平面截一锥体所得结果的初稿》(*Brouillon projet dune atteinte aux evenemens desrecontres dun cone avec un plan*)是关于该研究的一部重要著作，这部著作于 1939 年出版，与同时代的其他作品一样，是一部原创的光辉杰作。但是，一部著作能否为知识界所承认，并不完全取决于它质量的高低。用博耶(Boyer)的话说，这本书被认为是"史上最不成功的伟大著作之一"(Boyer，1968：393)。这本书仅仅印刷了 50 册并分散在他的一些个别朋友手中，但后来都已经失传，直到 1950 年才在巴黎国立图书馆找回一本。这本书中包含笛沙格本人的注释和勘误表。然而，幸好在这以前的 1845 年发现了菲利普·狄·拉·海尔(Philippede LaHire)的一个手稿副本，才使得后来 19 世纪的几何学家可以了解到关于笛沙格的研究。与此同时，根据考特的说法，笛沙格在 17 世纪所做的工作以及他的思想到后来却彻底消失，以至于在笛沙格去世后不到 1 个世纪，著名的史学家蒙蒂克拉(Montucla)就已经不知道笛沙格的名字了……他所能够叙述的仅仅是笛沙格是笛卡尔的朋友，并且写过一些曾一度为某些有名气的数学家欣赏的关于锥体的论文。[3]

---

[1] 参考泰勒，1951a：98。斯温登详细叙述了笛沙格与他的对手争吵的情节。

[2] 关于笛沙格思想的演变的更详细的讨论，可以参考塔顿，1951a：95—98。

[3] 某些评论家，特别是 Curabelle，提到了笛沙格取名为《黑暗中摸索》(*Lecons de ténèbres*)的著作，但对此没有什么重大的发现。斯温登在 1950 年提出，这是草稿计划 *Brouillon projet* 的翻版。

应该指出,几何学在当时并非不受欢迎,在这以前以及与此同时的代数学中的大量工作都是几何学的直接应用,而且笛沙格的工作是在包括了笛卡尔和费马等人的数学活动中心完成的,他们对笛沙格的研究非常赞赏。笛沙格的著作及其冗长的题名中固然使用了很多奇特的术语,其中有一部分是从植物学借用而来,但它却呈现出了解决有关锥体问题的新的强有力的方法。

起初,年轻的帕斯卡(Pascal,1623—1662)似乎要继承笛沙格在 17 世纪射影几何方面的工作,但他在获得一些漂亮的结果后便将兴趣转到了其他领域(Kline,1972:295—298)。上面提到的菲利普·狄·拉·海尔(1640—1718)[1]是有希望继承笛沙格工作的另外一个人。他在 1685 年出版了《圆锥截面》这本贡献于 17 世纪的射影几何的著作,通过使用射影和截面,证明了阿波罗尼奥斯的关于锥体的大部分定理,并且"试图表明射影的方法优越于阿波罗尼奥斯、笛卡尔、费马创造的分析方法"(Kline,1972:295)。名气稍小些的亚伯拉罕·博斯(Abrahan-Bosse,1611—1678)也写了一部题为《运用笛沙格透视法的一般讲解》(*Maniere universelle de M · Desargues, pour pratiquer la perspective*)的著作,这本书打算运用通俗方式讲解著名的"笛沙格定理"(这个定理后来成为了一个基本定理)。[2] 塔顿在他一本关于蒙日(Morge)的书(Taton,1951b:67)中还提到了普瓦夫尔(Le Poivre)的题为《圆柱体和圆锥体被一平面所截得到的截面》的著作,其中锥体是从射影的角度来进行研究的。[3]

从历史上来看,18 世纪还有一些关于纯几何学的著作(或多或少继承了笛沙格、帕斯卡的工作)值得一提,特别是著名的苏格兰数学家麦克劳林(Maclaurin,他的名字与微积分课本中熟知的发散级数联系在一起)在纯粹几何方面做了一些很有价值的研究。关于他是否熟悉笛沙格的工作似乎还没有定论。彭色列(Poncelet)在他著名的《论图形的射影性质》一书中声称,在几何学者(1720—1750)中,麦克劳林继承了拉·海尔的工作。毫无疑问,这里没有提到笛沙格和帕斯卡,然而他回忆到,拉·海尔在他的《圆锥截面》(*Sections coniques*)一书的序言中曾经提到笛沙格的工作。

---

① 不要与他的父亲劳伦·狄·拉·海尔,一个热心于笛沙格在投影方面工作的画家相混清。

② 例如,参考 1971 年希尔伯特的《几何基础》(*Foundation of Geometry*)第五章。

③ 塔顿关于这一点的评论可以推荐一读。

同一时期（18 世纪）研究纯几何学（与解析几何相对立）的其他数学家，还有英国人布雷肯里奇（Braikenridge）和 R·西蒙（R·Simon）以及瑞士籍德国人兰伯特（Lambert），后者在《射影的性质》一书中应用射影方法提出了许多命题。

然而，到 17 世纪末，对射影几何的兴趣基本上已经消失，而笛卡尔与费马创立的解析几何却方兴未艾，并且被纳入到牛顿、莱布尼兹创立的微积分当中，直到 19 世纪射影几何才再度兴起。

3. 为什么 17 世纪的射影几何没有发展成一门学科

在我们的想象中，我们很难把自己置身于 17 世纪法国社会尤其是数学环境之中（我们甚至不能进入当时"原始"文化之中，无法深入了解它的方式，因为我们已经沉浸于 20 世纪后期东西方文化的思想潮流当中）。我们知道在 16 世纪代数开始应用于几何，并且在 17 世纪出现了解析几何，而对我们来说更为重要的是当时几何学正处于它名誉的最高峰。

那么，为什么 17 世纪的射影几何会走向衰亡呢？正如我们前面指出的那样，笛沙格的工作完全可以与同时代开创的分析学的任何工作媲美。诚然，他的著作只印刷了 50 本，并且只送给了那些能够理解和欣赏它的高水平的读者（例如笛卡尔）。而今天的我们有"没有围墙的大学"——一群专家小组，他们可以通过油印的方式"出版"各自的研究成果，并且这项工作还在继续，产生了很多新的刊物。很难相信，笛沙格著作的少量发行是促使 17 世纪的射影几何走向衰亡的主要原因，因为那时的数学研究还没有完全机构化，少量发行并只在感兴趣的人当中传阅，是很习以为常的事情。

正如我们上面指出过的，笛沙格在他的著作中使用了从植物学借用的许多奇怪的术语。但是，只需考虑"连续"、"有限"、"函数"、"分类"、"发散"等就可以发现从自然语言中借用术语对数学来说并不是一件新鲜事。图论中也包含了植物学的术语，但尽管如此，图论的研究还是很活跃，并且很明显，拉·海尔和博斯在翻译笛沙格的著作时并没有遇到任何困难，尽管书中出现了一些不常见的用语。R·塔顿认为（Taton，1951a：97）笛沙格的手稿中的一些术语，对细心的读者来说并没有什么难度。

因此以上两点都不是射影几何走向衰亡的真正原因，说当时的数学家不喜欢它也是不充分的,那些阅读过并且理解它的数学家似乎钦佩或赞赏过它,虽然他们的才能用在以解析几何为先导的新的分析领域而不是射影几何。前面曾提到过,并不是综合几何本身不重要,如果没有它,分析学在 19 世纪建立严密的逻辑基础之前是不能够取得长足进展的。不过,大多数数学家都更支持把解析几何而不是射影几何作为一个学科进行研究,那么原因究竟是什么呢?试从以下两个方面寻找答案。

3a. 17 世纪的数学环境

虽然很难把 17 世纪早期的数学当成一个文化体系,但是在内部力量的影响下,这个时期数学却正在以前所未有的速度向前发展。虽然专业的数学协会还没有发展起来,但是科学机构在这一时期已经成立了,并且在法国,梅森(Mersenre)组织了一个非正式却有影响力的团体,其目的在于传播科学特别是数学的研究成果。不过,在对当时科学成分的研究中,17 世纪的法国文化应当要被首先考虑。

但是直到现在,关于笛沙格的案例还有一个外部因素没有被强调。每个史学家都注意到了这样一个事实:任何一个数学理论在其必要的概念网络没有完全被建立起来之前是不可能取得充分发展的。例如,在布尔(Boole)将抽象代数发展为真正意义上的代数形式从而为现代数理逻辑奠定基础之前,希腊的逻辑学一直停留在修辞学运用的水平上。就形式逻辑的演变来说,所需要的是概念背景,而不是代数的形式运算,尤其是需要广义的代数学概念,并非仅依附于算术科学。

类似地,17 世纪射影几何生存和发展所需要的一个主要因素是"广义"几何学概念,即几何不必局限于 17 世纪传统的欧几里得几何体系。要在 19 世纪之前建立一门以"变换"和"不变量"概念为基础的几何学(完成的标志是克莱因的《爱尔兰根纲领》)是不可想象的。彭色列在他的经典著作(Poncelet,1865)中把射影几何当成一个不同于传统几何的学科分支加以认识,尤其是在冯·施陶特(von·Standt)1847 年出版的《位置几何》(*Geometrie der Lage*)中,"度量"和"全等"都在"交比"中消失,这在 17 世纪的数学氛围中是不可想象的。因此 17 世纪的射影几何是作为经典几何的扩展而出现的。

另一个因素就是上面提到过的 17 世纪缺乏正式的数学研究机构,那时的数学家,像笛卡尔、费马、帕斯卡等都不是大学的教师,于是也就缺乏信徒和追随者。而在 18 世纪后期大几何学家蒙日在法国高等工艺学院(the Écoie Polytechnique,

蒙日为它的建立做了很大的贡献)任教时就是另外一番景象了,像拉扎尔·卡诺(Lazare Carnot)、彭色列、夏斯莱(Michel Chasles)等人都曾是他的学生,而这些人对蒙日几何思想的继续发展起到了巨大的推动作用。但笛沙格没有在任何一个大学做过教师,因而他没有类似于蒙日的后继者(帕斯卡除外,因为他在证明了以他的名字命名的著名定理之后,兴趣就转移到别的领域去了)。[1] 如果没有追随者,一个数学体系将很难继续发展下去。

当然,正如笛沙格的同代人以及像阿贝尔(Abel)、伽罗瓦(Galois)这样一类知名的"不合群的人"表明的那样,数学研究机构并非是重要数学概念存在的必要条件,但其与其他文化和社会因素交织在一起仍然是一个重要的影响因素。

3b. 17世纪射影几何自身的性质

首先,让我们用第四章介绍的观点来审视17世纪的射影几何,当然17世纪的射影几何没有正式形成我们所称的"学科","学科"一词只有在已经举例说明过的"代数学科"、"拓扑学科"这类术语里才获得本质的含义,一般人不会随便用这个词来表示一些诸如行列式这样特定的问题(虽然曾经发生过)。17世纪的射影几何本质上是笛沙格一个人的研究成果,他的同事不过是在他的研究的基础上做了些添砖加瓦的工作。不过,作为一个新的方法论,它得到了杰出数学家费马和帕斯卡的理解和认可,费马因此敬佩笛沙格,帕斯卡则对它做出了自己的贡献。而众所周知与此同时也遭到了一些人的非议,但绝不能认为这只是数学史上的一个小细节。事实上,当19世纪的几何学家接触它的时候,对它赞不绝口,以至于史学家认定它就是射影几何的开端,当然这是事后的认识。

17世纪射影几何的发展潜能,也就是其基本理论可能产生的结果的数量和内在影响,可以通过对比19世纪的射影几何来研究。很明显,19世纪的射影几何当时正成为一门新的几何学,它不需要建立在度量的变换和不变量概念的基础之上,并且比传统的欧氏几何更具一般性,因此它具有更大的能量。但是,有关17世纪的射影几何的历史表明,不论是笛沙格本人还是他的同事当时都把欧氏几何看成是其理论基础,从而认为17世纪的射影几何是欧氏几何的一个扩展(对比Kline,1972:300)。这就表明新引入的性质、方法仍然具有欧氏几何的性质,因

---

[1] 帕斯卡称笛沙格是"那个时代的伟大智者和最伟大的数学家之一"。

此,它不会比传统的欧氏几何具有更大的发展潜力。显然,在这种认识下,当时富有创造力的数学家,包括从事研究 17 世纪射影几何的数学家,必定囿于传统而做不出突破性贡献。因而这个例子清楚表明,像 17 世纪射影几何这一体系的发展潜力,部分受到了时代限制,部分受到数学本身状况的制约。就一个系统的意义来说,也有类似的结论。事后看来,17 世纪的射影几何是数学史上一个非常有意义的进展,但是这一点在 17 世纪表现得并不明显。

通过观察 17 世纪射影几何所面临的挑战,我们也可以得到同样的结论,当时出现了一些需要特殊技巧和方法才能解决的问题,这些问题与只需常规方法就能解决的问题迥然不同。17 世纪射影几何最初的挑战来自于文艺复兴时期的学者在透视中遇到的问题,例如上面提到的阿尔伯蒂问题就是其中一例。这些问题提出了智力和方法上的挑战,而这正是笛沙格所具备的,但是 17 世纪射影几何本身却分散在欧几里得性质几乎没有受到挑战的纯粹数学之中,而且它们是以定性的方式呈现的,这在当时定量研究日渐重要的气氛下几乎没有什么吸引力。我们在数论中观察到的那种由于不断提出挑战性的问题而使它连续在若干个世纪之内保持活力的现象,没有在 17 世纪射影几何的身上发生。

17 世纪的射影几何没有形成一门学科,这可以从上面的讨论以及"研究者比例"(即对它做出过贡献的数学家人数与那时在数学领域的创造性的研究者的比)中清楚地看出来。那时大多数研究数学的学者都被代数和分析所吸引,而这些学科对科学发展的重要性越来越明显,用代数方程研究曲线被证明是一个富有魅力的新鲜事物,这是射影方法所不能达到的。因此,正如博耶(Boyer, 1968:394)所说,17 世纪射影几何的方法被人们认为是"危险且陈腐的"。

然而有趣的是,17 世纪的射影几何并不存在概念张力(即为解释新概念提供逻辑基础而产生的一种作用力,例如,通过开普勒(Kepler)的无穷远点刻画的无穷远直线的概念就是在概念张力的作用下产生的)。事实上这可以被看成是对 17 世纪射影几何的一个最有希望的方面。如果它事先能够突破"变换"和"不变量"的基本概念,而不是在传统欧几里得几何结构下来进行研究,可以推想,射影几何注定会进展得更快些。如果不去考虑哲学上的存在或实体,那么可以肯定存在一种乐于接受新概念的趋势,不过在这个方向上的冲击力还不够充分。如前所述,需要为 19 世纪的数学环境的改变提供必要的刺激。

4. 可能生存的途径

如果遵循在类似的条件下其他体系所采用的模式，那么 17 世纪的射影几何要生存下去仍然有两条可供选择的途径。

一种途径就是将 17 世纪射影几何与其他数学分支相结合。事实上那时的欧几里得几何已经发生了这种情况，因为解析几何就是欧氏几何与代数学的结合，但 17 世纪的射影几何却没有发生，这里只有笛沙格作为工程师和几何学家的结合。在后来，当 17 世纪没有发展起来的分析方法在 19 世纪已经建立起来的时候，射影几何与代数、分析发生了结合。似乎笛沙格的继承者拉·海尔在他的《圆锥曲线新论》(*Nouveau éléments des sections coniques*)中企图在 1679 年使 17 世纪射影几何与代数之间发生某种结合，但是没有成功(Boyer，1968：404)。

另外一种途径就是将数学中其他学科的新概念渗透到 17 世纪的射影几何中去。当 19 世纪的凯莱(Cayley)、冯·施陶特(von Staudt)、克莱因通过代数和分析方法引入新的概念后认识到射影几何是一门基础几何，而其他几何如欧氏几何、非欧几何都是其派生学科时，这种情况就确实发生了。但是 17 世纪射影几何却没有遇到这种情况，很简单，这是因为它所需要的其他学科的概念系统当时还不存在。

5. 19 世纪射影几何的成功

现在我们来考查一下为什么射影几何在 19 世纪会再次出现并取得成功，特别是它是如何开始的呢？我们知道，17 世纪的射影几何是笛沙格在为工匠尤其是石匠提供射影和透视的应用方法之后创立的，有趣的是，2 个世纪后再度兴起的射影几何也发生了类似的情况。蒙日(Gaspard Monge，1746—1810)虽然不是射影几何的发明者，但他在绘制军事要塞地图中已经使用了射影的方法，在这个过程中他发明了画法几何学(其中某些部分限制为军事秘密)[1]。与笛沙格不同的是他

---

[1]　关于蒙日对现代几何的影响，可参考塔顿，1951b，§6：273-276，题为"Monge，précurseur de la géométrie moderne"的部分。

有在高等师范学院和高等工艺学院任教的优势条件，正因如此，他启发了他的学生彭色列和夏斯莱，这两个人后来都参与了射影几何的发展。这是一个关于伟大教师的故事，他的创造才促使了几何学派的形成。

彭色列是第一个发展射影几何的人，他的思想是他在蒙日的指导下与卡诺共同研究的结果。彭色列对笛沙格的草稿计划一无所知，他手里仅有博格朗（Beaugrand，笛沙格的反对者之一，参考 Poncelet，1865）的一封信的复本，这个复本一直被保存下来，并且彭色列认为这是"咆哮着的批评家的最有价值的东西"。彭色列的《论图形的射影性质》一书是他在 1813 年春的研究成果，他当时作为拿破仑军队的一名士兵被囚禁在俄国监狱里，这本书在 1822 年出版（1865，1866，第二版第二卷），并且加上了副标题为 Ouvrage Utile à Ceux qui S'Occupent des Applications de La Géométrie Descriptive et d'Opérations Géométriques sur le Terrain.

既然我们不打算去评价 19 世纪射影几何的发展，而仅仅只是研究它的开端，那么我们就不应该太偏离主题，到彭色列的著作发表就该止步了，而其余的都是大家熟知的历史。一般来说，17 世纪射影几何的进展以及 19 世纪射影几何的早期进展都是人所周知的。不论是笛沙格还是蒙日，他们都是从几何的应用上来展开他们的研究的：前者集中在对工匠有用的透视方面，后者集中在对建筑尤其是军事要塞设计有用的画法几何学方面，两个人都进入到纯数学领域之中。[1] 但是人们默认，一个学科的先驱是指那些做出的成果直接影响了以后发展的人。虽然没有一个历史学家在写射影几何的历史时不首先提到笛沙格，但是我们仍然认为射影几何的先驱是蒙日和彭色列这两位 19 世纪的几何学家，而不是笛沙格。这并非无视笛沙格的才能。19 世纪的后来人从他的手稿那里了解到他当时所做的工作，并给予了他很高的评价。然而他的情况与孟德尔的不同，因为后者所做的工作被及时发现并且构成了现代遗传学的基础。笛沙格的工作太晚才被发现，无法成为射影几何的理论基础，然而他却算得上是一个独一无二的天才。他不是唯一一个研究过透视数学的人，但却是唯一走在那个世纪前头并且开辟了一种新几何的人，尽管在当时的文化环境下他和他的同事都没有认识到这一点。当时所有被公认的数学天才，尤其是跟上了时代步伐的笛卡尔和费马，都没有表现出对综合几何的青睐。诚然，如

---

① 当彭色列在这个世纪后期了解笛沙格的工作之后，他称笛沙格为"这个世纪的蒙日"（Poncelet，1865：xxv – xxvi）。

果没有笛沙格,那么帕斯卡可能会被认为是射影几何的创始人。但是当他发表了关于锥体方面的论文及其他一些独立的工作之后,他很快就对射影几何丧失了兴趣。同时历史已经表明,想要从事射影几何的研究工作,必须要有透视或射影方面的研究背景,而帕斯卡却不具备这一点。简而言之,17 世纪射影几何是创造性头脑的产物,是在日晷制作、石头切割、工程设计背景下产生的,如果没有笛沙格,那么在 17 世纪这一切可能就不会发生。另一方面,从它的欧氏几何基础来看,它可以被认为仅仅是阿波罗尼奥斯的锥体理论的自然延伸,而并非射影几何的开端。

从数学文化演变的角度来探究射影几何在数学整体中的地位,这是非常有趣的。就像微积分中的牛顿、莱布尼兹一样,如果历史上未曾有过笛沙格、蒙日、卡诺、布里昂雄(Brianchon)、彭色列,那么射影几何也仍旧会出现吗?

当然 18 世纪和 19 世纪早期的情况与 17 世纪截然不同。过早演变的理论固然面临着夭折的危险,17 世纪射影几何是这方面的典型案例。当时数学不仅没有为理解它的作用及其意义做充分的准备,而且更重要的是没有为它的进一步发展提供所需要的概念和工具。但是到 18 世纪末,在对透视的研究工作得到进一步扩展的同时,在新建立的军事和技术学校中也开始了画法几何的教学,几何研究方兴未艾(例如,参考 Poncelet,1865,Preface de la Premiere Edition)。简而言之,所有迹象表明射影的概念从画法几何向着射影几何扩展。关于这一点,只要阅读一下历史便会一目了然。当然,事后表明,当时我们可以宣布“发展射影几何的时代已经到来”。无疑在 17 世纪射影几何就已经尝试突破,但直到 19 世纪才成功,这归因于环境张力(例如,军事工程学校中开设画法几何课程的需要、数学制度化的日渐形成以及随之而来的数学家个人地位的建立和对纯粹几何学研究的支持)、内部遗传张力(尤其是挑战和概念张力)以及当时创造性的数学头脑。

6.“超前现象”的一般特征

当然,笛沙格和孟德尔并不是科学史上仅有的非凡人物,我们可以认为,在古希腊时代,作为教会成员的阿利斯塔克(Aristarchus)就已经提出了日心说,比哥白尼早了 1800 年。公正地讲,站在时代前列的萨凯里(Saccheri,1667—1733),在 1733 年发表的关于平行公理的独立性的研究,比鲍耶、高斯和罗巴切夫斯基早了大约 1 个世纪。当然,萨凯里一开始的目的是企图在欧几里得的其他公理的基础上证明平行公理,他没有考虑到独立性的问题,他完全是沿袭莪默·伽亚谟(Omar Khayyam)、纳四尔艾丁(Nasir al Edin)、沃利斯(Wallis)以及兰伯特(Lambert)等人的方法,而这些人都试图证明平行公理。然而,正如著名的权威人士希思(T. L. Heath)在介绍《几何原本》(Heath,1956:I,211)时指出的那样,萨凯里的工作"比所有其他试图证明第5公设(平行公理)的人的工作都重要",因为萨凯里是第一个考虑除了欧几里得公设以外的假设的可能性并且推导出了关于这些假设的一系列结果的人。因此,正像贝尔特拉米(Beltrami)所说的那样,萨凯里是勒让德、罗巴切夫斯基(甚至可以加上黎曼)的真正的前辈。韦罗内塞(Veronese)认为,萨凯里发现了平行公理的一般性,而勒让德、罗巴切夫斯基、鲍耶却没有明白这一点,他们拒绝"钝角假设"或黎曼假设。如果萨凯里处在一个恰当的文化环境中,他可能会从他的研究中得出正确的结论并因此而成为非欧几何真正的先驱者。

查尔斯·巴贝奇(Charles Babbage,1792—1871)因发明计算机而被博耶称为"生活在超前时代的怪人"(Boyer,1968:671-672)。根据《大不列颠百科全书》的第14版,巴贝奇可以称得上是"现代电子计算机之父"。[①] 贝尔提到,波兰学者米哈尔斯基(K·Michalski)在1936年发现奥卡姆的威廉(William of Occam,1270—1341)提出的三值逻辑。皮尔斯(C. S. Peirce,1839—1914)曾经这样评论道:"……在阅读他的论文时,我们不禁会对其中表达的丰富思想感到惊讶。"(Lewis,1966:46)格拉斯曼发展了我们现在所称的张量计算,后来又由里奇(C. G. Ricci,1888)做进一步研究。如果不是爱因斯坦在他的相对论当中用到了张量计算的话,格拉斯曼的工作很可能已经被忽视。

为方便起见,我们用"早产儿"这一术语来表示"超前现象的案例",而超前现象所涉及的个人我们称为"早熟者"。关于"早产儿"、"早熟者",我们可能探索出怎样的特征呢? 以下所提到的情况看来是显而易见的。

6a. 一个不合群的"早熟者"

在这里我们并不一定是指在社会意义上的"不合群的人",一个积极参与社会

---

① 根据杜彼(Dubbey)的说法,1978年巴贝奇的代数观点远远超越了当时的水平,"他已经得出了许多现代代数的早期理论",他在函数微积分方面的研究并没有得到认可。他在1813~1821年间所做的纯数学的研究成果在50年后应用到了计算机和其他领域。

活动的人在他的个人智力生活中却可能是一个不合群的人。在第四章结尾，我们提到了印度数学家拉马努金（Ramanujan），在社会生活中他能否算得上是一个不合群的人，现在还无法回答，因为在印度他与家庭和朋友的关系似乎相当亲密。事实上，印度文化对他的影响很深。哈代（Hardy）对他评论道："它（指拉马努金的工作）并不简单也称不上伟大，如果它少一点离奇，那么就会更加显示出其重要性……假如他在年轻时能够受到更多的教育，他也许会是一名更伟大的数学家，也许会做出更重要的发现。另一方面，如果他只是拉马努金而不是欧洲教授的话，他得到的也会更多。"（Ramanujan，1962，xxxvi）

笛沙格似乎一直过着正常的社会生活，直到自愿充军为止，但是，从他关于几何的思想方面来看，他明显是一个不合群的人。然而，"早熟者"在社会生活中不合群的现象也是时有发生的，可以推断，牧师职业缺乏与社会的广泛接触，孟德尔、萨凯里、波尔查诺就是其中的例子，还有皮尔斯，他在宾夕法尼亚州的家中度过他生命中的最后 26 年。

如果一个人与他那个时代的文化切断关系，他很可能创造出无视当时文化方式的理论，特别是，如果一个科学家与他的同伴隔离起来，那么他的工作既不会引起别人的兴趣也不会被理解。

6b. 早熟者的倾向：创造一些令人反感的词汇

这似乎是笛沙格、格拉斯曼以及皮尔斯等人的一个最突出的特点。他们在构建概念系统的时候很少使用同时代人所习惯的术语。当然，一般说来，任何一个新理论都需要新术语和新的定义，但这些通常都可以与已有术语联系起来，只有这样才能保持术语性质的连续性。

6c. "早产儿"使用的新概念的意义与作用未被认识到

这不一定是 6b 的必然结果，虽然对于某些陌生术语来说会存在这种情况。孟德尔的工作中没有出现陌生的术语，其中某些成分在他之前已被其他人提出来了（参见 Zirkle，1951）。然而与他同时代的人却完全忽视了其研究的发展潜能。在笛沙格的例子中，奇怪的术语以及贫乏的注解的确是一个障碍，但是缺乏对他工作的作用与意义的认识是它被拒绝的一个更重要的原因。

6d. 缺乏接受"早产儿"中的新概念的文化准备

巴贝奇遇到了这个困难。他的第一台计算机"差分机"曾经得到英国政府将近 1 000 000 美元的资助,但是很明显,在当时还不具备他构造所需的机械工具,结果他花了 10 年时间发明和制造所需的工具和零件,最后,政府撤回了对他的资助。[①] 于是巴贝奇放弃了这个项目并在 1853 年产生了"分析机"的想法,但是因为缺乏财政资助以及技术问题再一次归于失败。笛沙格的情况与此类似。对他来说,所需概念性的数学工具当时还不具备,文化需求不足。

6e. "早熟者"缺乏在科学界中的个人地位

格拉斯曼是这方面的受害者。因为他当时只是预科学校的一名普通教员,即使在德国也很少有人知道他的名字,孟德尔和波尔查诺也是一样,缺乏他们工作被早期认识所必要的个人地位。

缺乏个人地位和身份,这意味着远离了学术中心,特别是在中世纪。即使在今天,虽然现代化的通讯已经大大减轻了这方面的影响,但是这个因素仍然存在。

6f. "早产儿"表述的新思想没有得到广泛的传播

有时主要是由于对 6b 中提到的古怪术语的排斥、反感,有时可能是由于缺少门徒。现如今,现代文化交流频繁,科技界也呈现出高度的制度化,这种情况便不易发生,但是在历史上仍然是一个需要被注意的问题。而且即使在今天,若个人的工作后继无人,也有可能导致"早产儿"的产生,或者最终绝迹!

6g. "早熟者"的特殊兴趣

泽克尔在 1951 年就孟德尔的情况指出了这一点,这在前文中也已经提到。对笛沙格来说,他在涉及透视的技术知识(包括切石、石雕等)方面的兴趣以及对几何(尤其是圆锥曲线)的浓厚兴趣对他的工作发挥了重要作用。巴贝奇也是一个典型例子。当然,这种特殊的兴趣并不一定导致"早产儿"的产生。事实上,这种情况可能经常出现在一个理论的正常演变中,不过在超前现象中出现的频率高

---

① 瑞典政府后来资助了巴贝奇的另一台机械的研发工作,该机器于 1853 年完成,并卖给了奥尔巴尼杜德利天文台用于表格的制作。

一些。

7. 结论

当然，上面的任意一个或全部特征都不是"早产儿"产生的充分条件。如果离开了个体动机以及导致个体创造欲望的环境张力，这种异常现象就不会出现。事实上，每一个创造性的科学家都可以被认为是一个潜在的"早熟者"，因为他们的创造是指向未知世界的。如果他在未知的道路上走得太远，他就会冒着与他的学术团队分离的危险，然后他就成了一个不合群的人。"早熟者"就是这样一类科学家，他创造了被他的同事所忽视或重要性没有被认识到的概念系统，而这样的概念系统在后来的科学领域中才找到自己适当的位置。"早熟者"可能会意识到他的思想在当时没有什么意义，他只是被深深吸引住，以至于他愿意放弃名誉，潜心研究。那些密切注意他所从事的领域的进展方向，以及从热门课题中选择他的研究课题的学者，可能完全可以避免变成一个"早熟者"，但是他可能很难创造出在将来有意义的成果。

第七章 数学演变的规律

……若不能探索出自然现象的规律，……就不可能真正理解这个现象。

——冯·亥姆霍兹(H. L. F. von Helmholtz)

数学科学像其他有生命的东西一样，也有自己生长的规律。

——摩尔(C. N. Moore)

大多数文化系统都表现出一定的行为模式，而这种行为模式通常借"规律"一词来描述。在一个自由的市场里，供给与需求的规律一直是经济学家所注重遵循的。在物理学系统里，"规律"一词有着更丰富的涵义。所有这类规律都是在理想状态下才得以成立的。例如，自由落体的规律离开了实验室就不会严格成立。一条理论是否是成功(就接近现实而言)，完全依赖于这种规律的应用。

在《数学概念的演变》一书的第四章，我们尝试列出了关于数学概念演变的 10条规律。后来，科学史家兼科学哲学家克罗(M. J. Crowe)给出了在数学史中关于变化的模式的 10 条规律，同时讨论并批判了《数学概念的演变》中叙述的 10 条规律。在随后的注释中(怀尔德，1980)，我们针对克罗教授提出的观点，对我们的想法进行澄清并作进一步补充。在现在这一章，我们再一次提出这一课题，其中既采用了克罗教授的观点，也保留了我们对这一问题的看法。[①]

当然，在使用"规律"一词的时候，我们并不是说数学的演变必须遵守某些固定不变的模式。相反，我们意指呈现已经发生过的演变模式，而这种模式，像物理规律一样，也可能会遇到例外。一句话，规律就是某些模式表现出重复出现的趋势，在规律的基础上预测未来，准确率会更高一些。

下面我们将逐一陈述并讨论这些规律。

---

① 同样也可参考科佩尔蒙(Koppelman，1975)，其中数学演变过程被分成 6 个阶段。

1. 重大问题的多重独立发现或解决，是一条规律，而不是例外。

可参见克罗的第 8 条规律（1975a）和《数学概念的演变》中的第 4 条规律，为了便于讨论，还可参见本书第二章第 1 节。

这条规律唯一的例外发生在最近的四色问题解决过程中。关于这一点可参见阿佩尔（Appel）和哈肯（Haken）在 1977 的著述（尽管问题解决的过程涉及多个作者，但解决方案并非是他们独立提出的，而是他们合力探索的结果）。当然，将来可能不需要通过计算机就可以得到更多简便的证明，并且表现为多重发现的形式。所以关于这一点，我们也不能说得太绝对。事实上，下面这条规律也与规律 1 相关，共同说明一种普遍的模式：

一个重要定理的第一个证明之后通常跟随着更简单的证明。

规律 1 所陈述的模式无疑可归因于由定理的重要性而形成的遗传张力，尤其是为了追求简单的证明而引起的挑战。

2. 新概念的演变通常是由于遗传张力或者是通过环境张力表现出来的一般文化力量造成的。

遗传张力是导致数学发明最直接的因素，这一事实几乎用不着争论。实质上这是数学演变的一个必然结果。一方面，一个概念只有在概念背景知识被充分建立起来之后才得以演变。如果所需的代数概念没有发展起来，布尔就不能发明符号逻辑。另一方面，如果一个概念不为数学目的所需，或不为环境所需，那么这一个概念也不易演变。尽管巴比伦人创造的数系几乎可以无限制地扩展延伸，但他们也并没有发明无穷的概念。

至于环境张力对新概念演变的影响，我们可以通过计数的发展来说明，自然数的发展事实上是文化发展的必然结果。基于相互作用、数学物理学的发展以及战争所需而开发的新的数学领域（比如运筹学），尤其是电子计算机及相关理论的发明，所有这些都表明环境张力对数学概念创造的影响。

3. 如果在数学文化中提出一个概念，那么它能否被接受最终取决于这一概念的丰硕程度，而不会因为它的起源或按照一些抽象的标准来认定它是"不真实的"，从而永远将之拒之门外。

"丰硕程度"不仅指新概念解决问题的能力，而且也指其开辟新的数学研究领域的能力，还包括它为研究者提供的审美满足感。尽管如此，还要注意新概念的提出与它最后的"丰硕程度"之间可能存在差距，这一点通过"超前现象"就可以得到很好的说明。

在第 3 条规律中，我们提到了关于一个概念被拒绝的问题，一个新概念提出后，往往会因为其"不真实性"而遭到抵制和拒绝。复数（事实上负数也是这样）以及康托尔无穷集合的概念都很好地说明了这一点。[①] 然而，在今天的数学中，这种现象已经很少会发生了，除非有人将建构性的数学当成是数学中非建构性的"不真实"部分。

4. 新概念提出者的名声或地位能够影响这个新概念是否能被接受，尤其在新概念突破了传统时更是这样，对于新的术语或符号的发明来说也有同样的情况。[②]

在第三章第 2 节关于符号成就的讨论中，我们已经指出了"符号发明者"在数学界的地位对该符号能否为数学界所接受，以及能否因此而成为数学文化的一部分起着重要影响。为了更好地论述这条规律，我们借用克罗说的话：

> 比较哈密顿（Hamilton）的四元数理论（1853）以及格拉斯曼的《线性扩张论》（Ausdehnungslehre，1844）的接受情况。两者都是数学经典之作，哈密顿由于他过去的一些公认的结果已经闻名于世，他的工作得到那些未曾阅读它的作者过分的渲染；而格拉斯曼当时只不过是一个不出名的中学教师，关于他的著作也只做过一篇评论，其余的均未发表，只是为数极少的读者读过他的文章。罗巴切夫斯基和波尔约的命运也与此类似。他们在非欧几何方面的创造性的工作，在很长时间内都无人知晓，后来是由于公布了高斯的部分信件，才引起数学家们对非欧几何的兴趣。

5. 一个概念或理论的重要性，既取决于其丰硕程度，又取决于它的符号的表达形式。如果概念的成果丰富，只是由于后者造成了理解上的困难，那么，一种更容易把握和理解的符号形式就会产生。

我们可以根据代数符号若干世纪的演变来分析这条规律的有效性，那个时期正是改进符号或抛弃繁琐符号的时代。在早期，几乎不存在关于好的符号模式明显的遗传张力，因为这个时期的数学进展得十分缓慢，于是这一点不足为奇。然

---

① 参考克罗的第 1~3 条规律以及他在 1975a：162 - 163 中就此做的讨论。
② 参见克罗的第 6 条规律，1975a：164。

而到了韦达(Vieta)时代，一些力量已经积聚起来了。在一个相当短的时期内微积分就建立起了自己特殊的符号系统，这就是证据。作为经典分析学基础的微积分有着丰富的研究成果，并且其具有应对环境张力（如力学、物理学等）的能力，因而莱布尼兹的符号体系被选中是意料之中的事情。

贝尔在他的带有争论的《数学的发展》一书中这样写道(Bell，1945)[1]：

> 如果到 16 世纪末初等代数没有成为一个"纯粹的符号科学"，那么像解析几何、微分学和积分学、概率论、数论、动力学似乎就不容易扎根并且像在 17 世纪那样蓬勃发展。但因为现代数学起源于笛卡尔、牛顿、莱布尼兹、帕斯卡、费马、伽利略等人的发明创造，所以我们不大好将继 1637 年笛卡尔几何发明以后的数学的快速发展仅仅归因于代数符号的贡献。

在 18 世纪和 19 世纪，人们已经普遍意识到了好的符号系统的重要性。凯莱引入了矩阵，这为历史上后来的符号体系的发展起到了重要的启发作用。布尔完成了逻辑的符号化，普吕克给射影空间设计了齐次坐标，里奇的张量计算为爱因斯坦的相对论提供了基础。

6. 如果一个理论的进展依赖于某一个问题的解决，那么这条理论的概念结构会遵循着使得这一问题得以解决的方向发展。一般来说，这将会带来一大批新的成果。

一个问题的解决可能要花上几个世纪，就像处理欧氏几何中的平行公理与其他公理的关系问题一样，而这一问题的解决伴随着新几何的研究。另外一个好的例子是鲁菲尼(Ruffini)、阿贝尔、伽罗瓦的关于代数方程的可解性问题的研究，这一问题的解决促进了群论的研究，开辟了代数领域，抽象代数随之产生。

19 世纪后半叶和 20 世纪上半叶的有限群研究特别有意思。经过一阵短期躁动之后，有限群论终于宣布"夭折"。这个理论遗留下来的有用的结论之一就是所谓的波恩塞德(Burnside)猜想，即每一个非交换的简单群的阶都是偶数次的。差不多经过了半个多世纪的时间，这个猜想在 1963 年终于得到了证明[法伊特·汤普森(Feit-Thompson，1963)]。这一结果为曾经一度夭折的有限群论注入了新的

---

① 这本书于 1940 年首次出版发行(1945 年第二版)，其中包含许多技术性的错误。

活力。

在分析学中,实数连续统问题为 19 世纪的数学家(戴德金、康托尔)所解决并由此创造了一种新的积分理论(波雷尔、勒贝格)以及我们现在称为"经典分析"的其他部分,这与欧多克索斯通过问题解决而创造比例论是完全类似的。

7. 如果一个数学理论的进展依赖于某些概念的结合,那么这种结合就会发生。

那种认为汽车、飞机的发明是不可避免的言论与这一规律所表达的思想在本质上是一致的。只要跟随技术进步的发展方向,那么这些发明就不可避免地要发生。

在第三章第 5 节,我们已经提到了点集拓扑学和组合(代数)方法发生的结合。虽然这是一个"逻辑的"结合,但实际上只有通过它们的结合才得以迅速解决问题。

在解析几何中,代数的状况以及它与其他数学存在的关系决定它必然要与几何发生结合。笛卡尔和费马同时发明解析几何,这本身就说明了这一点。[①] 在韦达所处的时代,代数得到了急剧发展(尤其是符号),这一过程以笛卡尔的 *La Géométre*[②] 为标志达到最高峰。后者实际上是几何与代数相互影响的结果,其根源可以追溯到花拉子密的研究。

20 世纪自二次大战以后的数学无疑为第 7 条规律提供了最佳的依据。这个时期结合是数学中常有的现象,虽然某些专业最初看来是自给自足的,但后来却发生重要的结合尤其是方法上的结合。在第五章第 1 节我们称这一现象为结合规律的表现形式,为完整起见,我们再一次把它列出来:

(结合的规律)结合的发生会提升效率和潜力,结合后的实体的性质与原实体的性质完全不同。

像怀尔德(1969：896)指出的,这似乎是自然界一条普遍的规律。

　　例如,在生物体中,个体细胞结合在一起形成了一种新的生物结构,它具有的性质不为组成它的各个成分所拥有。在化学中类似的例子比比皆是。

---

① 正如之前指出的,一个概念的重复发现,事实上就是对进展的必然性的证明。

② 这本书的符号,除了相等的记号外,其他的与今天的相同。

如,阿司匹林的性质就不为组成它的碳分子、氢分子、氧分子所拥有。在社会领域,我们看到,单个的人汇集在一起形成了社会或政治群体,而这个群体能够完成任何个人都不能完成的各种任务。在经济学中,相关的行业甚至不相关的行业经常发生合并。事实上,无论是在自然界还是在社会界我们都观察到了这种结合的趋势。在数学中,结合规律作用的结果就是使迄今为止还未能解决的问题得到解决。数学研究越来越多地集中在结构、关系以及涉及整个数学的概念框架中。结合了两个或两个以上数学分支的结构,在数学或科学上将更有效力。

8. 如果数学的发展需要引入某种似乎是不合理或"不真实"的概念,那么就会为这种概念提供适当的可接受的解释。

在第二章第 7 节提供的材料已经足以说明这条规律,还可以比较克罗提出的规律 3 和规律 9 以及上面提及的规律 3。

9. 在任何时候,都有一种为数学界全体成员所共享的文化直觉,它体现出关于数学概念的基本的、可普遍接受的观点(Wilder, 1967; Crowe, 1975：law 5)。

在讨论这条规律之前,有必要把"文化直觉"的含义弄清楚。首先我们回忆一下在第一章第 3 节我所指出的关于数学文化的性质,即"各种信仰、习俗、技术已经凝聚成了一个成分混杂的整体。它起源于没有文字的时代,历史上已无法考证……这里存在着由逻辑、数学民间传说等组成的'传统'"。这里提到的文化直觉是引用的这段话中提及的数学民间传说的一部分,它包含关于一些基本数学概念的信念,这些信念是数学经验长期积累的结果,它们的存在被认为是理所当然的,通过数学概念的演变它们才成为公众讨论的话题。①

有些数学家可能怀疑这种数学直觉的存在性,这里我将借助于熟知的历史事件来阐述它。这类事件通常是用来改变某些重要方面的直觉。

早期希腊数学界,尤其是毕达哥拉斯学派坚信所有的几何量都是可度量的,这种直觉最后被否定了。问题凭借着欧多克索斯所创造的比例论而得到解决,这似乎预示希腊几何向纵深发展的时代已经到来。

数以千计的数学家们(以及其他把数学当成一种爱好的人)坚持数学的绝对

---

① 关于数学直觉更为详细的讨论可以参考怀尔德,1967;邦奇(Bunge),1962。

真理,特别是《几何原本》中的公理,包括著名的平行公理。但后来人们认识到对平行公理可以用与它矛盾的公理来代替从而建立起完整的非欧几何体系,这种冲击不仅导致原始直觉的激烈变化,而且导致各种关于什么内容构成"可容许的"数学的哲学原理的产生。哈密顿和格拉斯曼对非交换代数的可能性论证,打破了各种代数运算必须满足交换律的直觉,虽然后者不像前者那样产生那么直接的影响。

在 19 世纪已经建立起了关于实连续函数的直觉。这类函数的图象通常被想象成一条光滑的曲线,而且即使这类曲线上可能存在不可导的点,这些点的个数也是极少的,绝大多数的点都是可导的。魏尔斯特拉斯在 1861 年否定了这个直觉,最早举出反例的是波尔查诺,但鲜为人知的是,即使是他本人也没有完全认识到这一点。

拓扑学,因它的基本性质尤其是各种集合论的多样性而纠正了许多错误的直觉。例如,人们长期以来认为:一条封闭的平面曲线(即平面内两个区域的公共边界,例如圆形),恰好把平面分成两个互补区域,换句话说一条封闭曲线的补恰好是两个开集的并,而它就是这两个开集公共的边界。一条封闭的曲线只有一个内部和一个外部的直觉可能或多或少地受到了约旦曲线定理的影响,这一定理曾引起数学界的广泛兴趣。这一直觉是如此的根深蒂固以至于作为欧氏空间的奠基者之一的夫立在他的重要著作 *Die Entwickelung der Lehre von de Punktmanning—faltigkeiten*[1] 中把这一直觉视为理所当然。这一直觉后来被布劳威尔(L. E. J. Brouwer)否定并使得他本人及其他人做出了一系列关于拓扑学的研究。[2] 顺带说明一下,日本数学家 Wada 指出:"一条封闭曲线可能是 2 个或 2 个以上(甚至无限多)区域的共同边界",这一定理也属于多重发现[参见米山(Yoneyama),1917~1920]。

另一个例子就是分析中关于平面曲线的参数表示,约旦(C·Jordan)最终用 $x = f(t)$,$y = g(t)$ 的形式给出了连续曲线的定义,这里 f 和 g 是在区间[0,1]上的单值连续实函数。无疑,约旦在《课程分析》一书中给出的定义是在设法为这一

---

① 本章第 5 节第 12 个例子讨论了这本书的其他方面。

② 这并不是说布劳威尔的工作仅限于此,参考弗赖登塔尔(H. Freudenthal)和海廷(A. Heyting)在《布劳威尔全集》第二卷中发表的悼文。

普遍直觉给出精确的表达。然而,皮亚诺、摩尔以及希尔伯特不久就给出了一条符合约旦定义且跑遍一个正方形边缘加上其内部的所有点的曲线。这类曲线后来还为其他数学家所发现。不过,最重要的还是它引发了后来关于连续曲线及平面拓扑学的研究。

也许对于直觉最具有毁灭性的例子是由巴拿赫(Banach)和塔尔斯基(Tarski,1924)提出来的。具体来说,他们证明了"空间的一个单位球体可以分成若干个部分,而这些部分组合在一起可以形成两个单位球体",从直觉上来判断,这是不可能的,它质疑了选择公理的有效性[从这一公理出发可以得出并非所有 3 维点集都有体积(或测度)的结论]。

过去一些研究者表明,数学的每个学科的发展都依赖于它自身的集体直觉,通常个体之间在主要问题上的直觉会彼此一致,与集体直觉相符,但有时亦有例外。如果没有这些集体的或个人的直觉,数学研究几乎是不可能进行下去的。个体数学家常常试图证明他直观感觉到为"真"的事实,而那些成功证明了与他的集体直觉相悖的命题的人在漫长的历史进程中是最引人注目的。

10. 文化或学科之间的相互渗透经常会导致新概念的产生并加速数学的发展,这里总是假设接受的一方已经具备了必要的概念基础。①

正如在第三章第 1 节我们所看到的,渗透既可以发生在地理区域之间,也可以发生在内部文化之间。在前一种情况下,文化渗透可以填补文化空白——一种"传教式现象",其中一种文化因接受其他文化而显示出更高的竞争力,这可以通过阿拉伯文化在意大利和西班牙的传播得到说明(参考第三章第 1 节)。当然,还包括先进文化向落后文化的渗透。这种现象也时常在欧美文化和原始的非洲文化之间发生。② 但直到原始文化演变到必要的文化水平之后,才能够创造出新的数学概念。

中国是一个非常有趣的例子。因为从先前到现今的中国数学家对数学发展

---

① 参考《数学概念的演变》的规律 5。这里的"总是假定……"回应了克罗(1978:104)的批评。

② 我们使用"原始"一词仅仅是为了排除那些曾一度具有高度发达的教育设施的文化(如南非的、埃及的)。其中一部分,特别是欧洲文化与非洲文化之间的渗透,仅仅是为了使接受文化的一方(the receiving culture)达到能够进行贸易往来的水平。今天的文化传播也同样旨在使接受文化的一方达到充分发展的水平,如果非洲文化在现代研究领域能够对数学的进展做出贡献,将会是一件很有意义的事情[札斯拉夫斯基(Zaslavsky),1973 年]。

做出了实质性的贡献。当代一些最杰出的数学家都出身在中国,虽然通常他们都与美国和欧洲的科研机构联系在一起。在十年动乱的文化环境下,中国数学界的上空布满了阴云,但现在的改革开放明显促进了文化的传播,我们希望看到中国数学家对数学做出更重要的贡献。

印度也是另一个很有趣的例子。在英国文化的支配下,也许是由于文化抵制,数学在印度的传播几乎都是传教式的。印度学生进入英国、美国的大学后,很快就展现出古印度哲学家的那种数学概念思维方式。

在这种情况下,尤其是在当代,当地区之间的交通工具变得如此发达的时候,一个最普遍的问题就是接受了其他文化的文化反过来又为其他文化所接受,因为在外留学的学生倾向于保留他们的主体文化。当然,这主要是由于人们对文化交流的渴望,通过文化交流,同行们可以交流思想、图书资源等。同时还要受到政治条件的影响,正如中国学者在十年动乱时期由于政治因素不愿意返回祖国那样。

最近最引人注目的非传教式的文化渗透发生在纳粹统治的恐怖时期,德国数学家离开祖国,远离家园。德国学者和美国学者之间交流尤为明显,因为大多数欧洲学者(包括波兰人和匈牙利人)都避开恐怖组织最后去了美国。至少在二次世界大战爆发以前,国内的学者与国外的学者之间开展了卓有成效的思想和方法的传播与交流。

数学学科之间的渗透通常是为了满足接受一方的认识需求。这种情况不涉及概念水平的问题。不论一个学科从其他学科借用什么概念,通常它都要与自身现存的概念相结合。现代拓扑学取得的长足进展极大程度上归功于拓扑概念与代数、分析概念的结合。这类结合导致了永久性的改变,尽管也有可能发生例外,例如最近借助于计算机解决的四色问题,可能将不会导致计算机理论向拓扑学的渗透。

在已经发展成熟的数学学科之间所发生的渗透通常是互惠的。拓扑中起源于代数学的概念后来又应用到代数学中。同样,数论和分析的思想也是相得益彰的,几何与分析之间的经典关系已经形成了一个双面的工具。

有结合的渗透已经成为数学演变的一个主要力量。从数学史中就可证实这一点,并且它既可在文化内部发生又可在文化之间发生。在远古,渗透主要发生在文化之间,最著名的是巴比伦文化和埃及文化向希腊文化的传播,以及阿拉伯文化向欧洲文化的传播。在现代,由于数学文化广泛适用的特征,文化内部——

数学学科之间的渗透占主导地位。在过去的世纪里,这种占主要地位的文化渗透加速了数学的演变。随着数学思想向发展中国家的传播,我们可以发现,正是这种文化之间的传播在将来可以使数学以前所未有的速度向前发展。

11. 由宿主文化及其各种子文化(诸如科学文化)造成的环境张力,将会对数学子文化有明显作用,这种作用既可能增加也可能减少数学新概念的创造,关键要看环境张力的性质。

作为一个子文化,数学仅仅是构成宿主文化系统的一个分支,这个系统可以被不断构想出来,正是因为这样,数学容易受到其他分支施加的压力。我们不妨考虑战争时期军事对数学的影响。数学在演变过程中,一直为军事所需要,并且这种需求越来越强烈。随着作为一个独立分支的数学的制度化,这种影响更容易被察觉,特别是,在二次世界大战期间,数学家研发的各种技术对战后数学仍有持续的影响,这在计算机技术领域颇为显著,在战争年代计算机技术得到了卓越的提升。统计学也有类似的结论,例如,在战争期间,序列分析的思想得到了发展。

除了对已经建立的数学领域产生影响外,战争还开辟出了新的领域,例如,对空军机动射击炮的研究至关重要的运筹学就是在战争之后通过开设新的大学课程和建立新的院系而产生的。线性规划起源于美国军事机构在参谋设计时的战争经验,这类发展对数学的影响还有待定论。计算机、统计学、运筹学等专业的纷纷建立,以及商业学校、工程学校、社会学校与数学院系的合并,暂时导致了纯数学研究部门和研究成果的削减。

在法国革命或法国的拿破仑时代,军事发展对数学的影响构成了数学史一个重要的里程碑。特别是蒙日(Monge),他参与建立高等工艺学校,由于军事需要他在画法几何学方面的研究工作被当成机密,他对拉格朗日、勒让德、卡诺、彭色列以及夏斯莱的影响已载入史册。蒙日参与建立的这所学校,主办了专门针对数学的第一本杂志,即《高等工艺学校学报》。

我们还可以简要提一下阿基米德(Archimedes),由于设计"战争引擎",他的数学研究经常被中断。

另外一种不同形式的环境张力主要是经济方面的压力(发生在失业高峰时期),这导致学生避开纯数学的学习而选择计算机、统计、保险等应用性的课程。数学专业学生人数的减少对数学的影响与工业领域的情况非常相似——工人人数减少,生产产品就减少。另外,在经济萧条时期学生数量持续减少,导致纯数学的专业工作者的机会也相应减少,从而数学研究成果也相应减少。这一现象不久前(1979)在美国发生过,在 20 世纪 30 年代的经济萧条时期也曾发生过。

随着第二次世界大战的结束,出现一种新现象,即私人和政府机构对科学研究的资助呈现上升的势头。在美国,军方(最初是海军研究所,后来是陆军研究所和空军研究所)开始提供补助金或奖学金来资助数学研究。政府设立国家科学基金会,既为个人也为集体的数学研究和数学教育提供资金。这些环境因素对数学的发展起到明显的效果,这一过程一直持续到今天(1979)。私人基金会,例如理斯隆基金会的设立,也用以资助数学和科学研究的扩大。

自然科学的发展十分依赖于数学,它既作为一种工具也作为概念的源泉,总是为新的数学创造提供动力,典型的例子就是傅里叶(Fourier)在热理论方面的研究。其中他引入新的函数类激发了数学界对函数论方面的研究,同时也对集合论的研究产生了影响。大多数的经典数学都是由于当时环境(如科学、商业、建筑等)的需要而被创造或被提出来的。

然而,在现代,遗传张力在数学的演变中无疑是一个更加重要的因素。由此,我们可以推测严重的经济崩溃将会怎样影响数学的发展。这种情况在上面也已经讨论过,经济因素最终将导致失业,并且导致数学研究的中止。毫无疑问,为应对黑暗时代的到来而导致奖学金的普遍减少造成了希腊数学的衰退。宿主文化的过分强大有时可以完全扼杀那些被认为对文化的生存没有什么价值的分支(比如学术、艺术、科学)。

12. 当数学取得了重大进展或突破,而且它们的意义又为数学界公认时,就常常会引起对那些只是被部分理解的概念的新的洞悉以及对有待解决问题的新的认识。

在通讯日益发达的今天,关于时间的限制已经不是那么重要了。然而,我们记得高斯-罗巴切夫斯基-鲍耶的非欧几何意义在它诞生大约 25 年后并伴随着高斯的论文和黎曼的《教授资格论文》(黎曼,1854)一书的发表才被人意识到。人们也直到 17 世纪后期才认识到了牛顿-莱布尼兹公式的作用。随后展开的分析工作证实,这是一个巨大的进步并且使得历史遗留问题得到解决。关于极限的性质、函数概念已经逐渐形成新的认识并且将延续到下一个世纪。

当然直到 19 世纪末数学界还没有意识到集合论的重要性。事实上,这是一个反对、拒绝集合论的时期,直到 20 世纪才逐渐意识到这一新概念的引入对数学发展所产生的重要影响。

我们可以推测,希腊人从一组基本公设出发利用逻辑演绎得到的几何性质对数学发展有着巨大影响,而欧多克索斯的比例论同样也起着重要的作用,但不幸的是我们这里缺乏详细的历史细节。

13. 数学现行概念结构的不相容性和不完备性的发现,将导致补救性概念的产生(参考第二章第9节)。

典型的例子就是古希腊发现几何的不相容性,并通过欧多克索斯的比例论进行补救。进一步猜测发现,毕达哥拉斯体系的不完备性导致了公理化方法的产生。

现代典型的例子就是在上世纪末和本世纪初发现了集合论的矛盾(福尔蒂、罗素等人)。补救性概念构成新的数学哲学,即直觉主义、形式主义和逻辑主义的基础。最后,新形式的公理化方法被用于限制集合论概念的范围,大多数研究人员在证明基础原理时选用这种方法。这不仅仅避免了矛盾,而更重要的是,确定了选择公理和连续统假设的地位,后者的成功在现代集合论和现代数理逻辑学科的成就中得以体现。

在叙述第13条规律时,我们没有涉及那些在特殊的定理或数值计算中存在的一些小的矛盾。因此,就相容性来讲,最近才被认为正确(参考埃佩尔和哈肯,1977年)的四色定理的证明以及被认为不充分的费马大定理的证明在当时的数学概念结构下并不存在错误。有人推测,费马大定理证明的失败可能反映了我们关于整数基本假设的不完备性,而并非我们这里所谈及的不相容性。有时候,当我们提出一个新的概念结构之后发现其中存在矛盾时,也许并不会做进一步深入的研究。[1]

14. 数学革命可以发生在形而上学、符号体系和方法论之中,而不是在数学的核心中。[2]

这一结论需要对"革命"一词进行说明。克罗规定,"革命的一个必要的特征就是先前已存在的某些实体(如国王、宪法、理论、术语等)必须被推翻和丢弃"。但是,对一条因为发现隐藏的矛盾而被推翻的理论来说又是怎样的呢? 就第14

---

[1] 关于欧拉多面体公式的一段有趣的历史以及其证明中的缺陷和更正可以详见拉卡托斯(Lakatos)1976年发表的文章。

[2] 对于这一条规律以及下面的讨论可详见克罗的规律10。很明显,克罗提出这一条规律是希望表明库恩理论并不属于数学革命的一部分。

条规律来讲,这类事件不能被视为"革命"。事实上,我们可以证明,一条不相容的理论在数学上是没有任何地位的,即使它的缺陷没有立即被发现,理论似乎也符合数学核心的要求。我们认识到这样处理是带有争议的,但是,在对"革命"下定义过程中,可以给出一定条件的约束,因此我们这里排除了由于不相容性而被迫放弃的理论。只有那些已经有替代选择的理论才有可能发生革命。

维数理论是一个例子,这里提供了替代理论,例如,Frechet 维数和 Brouwer-Menger-Urysohn 维数以及同调或上同调维数的定义。它们没有任何一条被放弃,尽管可以明确说同调(或上同调)使用得最为广泛。同时所有这些维数理论仍然继续存在,甚至在某种意义上每一种理论都值得或有待于更进一步的研究,尽管可能研究的空间不大(像 Frechet 维数)。

同样,随着极限理论的发展,除了经典分析之外,我们还有另外一种分析——非标准分析。在几何学中,新的几何引进来了,而老的几何仍然存在。在自然科学中,关于自然界的许多理论在新的实验检验下被淘汰了,从而引起革命,但数学与自然科学不同,它不受实验验证的约束。当然,应用数学的人可以抛弃数学理论,但这并不涉及数学的核心,在应用数学中,可能会发生革命。

数学的形而上学又是截然不同的一种情况。例如,在发现非欧几何以前,人们一直认为欧氏几何是对物理世界的描述,是一种自然科学,而今天的数学文化已经抛弃了这一观念。在通常用"2＋2＝4"来举例说明的"数学的绝对真理"的概念中也有类似的现象。当然,2 个苹果加上 2 个苹果一共是 4 个苹果,这一规则在所有的应用中都是这样。但是,在今天的数学文化中这一规则除了指明一种数学关系之外,再也没有包含"真理"的含义。

在数学证明中,严密性的标准也容易发生革命。众所周知,数学文化的严密性标准在整个数学的演变过程中经历了革命性的转变。17、18 世纪的数学家使用无限过程,特别是无穷序列所得到的结论是数学史上的奇迹,表现出了创造者的卓越直觉。古希腊数学家可能会毫无疑问地接受"连接圆周内部和外部两点的线段必与圆周有一个公共点",但 20 世纪的数学家可能会认为这必须在一个可接受的公理系统的基础上给出证明。

借助传统逻辑给出的类似于代数基本定理[①]的证明,更一般地说,就是关于存

---

① 所谓代数基本定理,就是次数 $n \geqslant 1$ 的代数方程在复数域中恰好有 n 个根。

在性的证明,受到了直觉主义的代表人物布劳威尔(1883—1966)的质疑。他坚称只有那些用构造性的方法证明了它的存在实体的定理才能称为数学实在,[①]这代表了严密性的一个极端,大多数数学家都无法接受,他们继续使用归谬法来证明定理(甚至是存在性定理)。当然,出于审美和实用性的原因,大多数数学家都更喜欢选择构造性的方法去证明,虽然他们通常要花较长的时间。

符号体系也容易被淘汰从而引发"革命",因为旧符号经常被新的符号代替,当然这里也包括名称。例如,今天还有谁会把"topology"称作"analysis situs"(两者都为拓扑学)呢?

方法论的变革也时常发生,有人认为笛卡尔把代数方法引入到几何研究中构成了数学中的一次革命,因为从那个时候开始,解析法占据了统治地位。然而这仅仅是一次方法论的变革,它没有替代以往使用的综合法。按照之前关于"革命"的定义,这甚至还不是方法论的革命。而且正如我们在前面已经指出的,这本质上只不过是代数与几何发生了一次结合,从方法论效果上来讲这主要是把代数方法加进到几何方法中去而已。

15. 数学的演变导致了严密性不断提高,每一代数学家都感到有必要对先前几代人所作的隐藏假设进行证明(或否定)(参考第二章第 10 节)。

数学史证明了这一为大多数数学家所赞成的断言,在第二章第 10 节讨论后,似乎没有再讨论的必要了。研究未来几何理论和数学逻辑发展的影响将非常有趣。

16. 数学系统的演变,只能在遗传张力作用下,借助概括与结合产生更高层次的抽象(参考第三章第 6、7 节)。

仅就抽象来讲,这条规律已经在第二章第 6 节讨论过了。正如在那里指出的,这同样适用于除了数学以外的文化系统,诸如宗教和政治制度。事实上,如果"抽象化"被换成"复杂化",那么对生物系统的进化也许成立。

就数学而言,这条结论成立的缘由基于以下的事实:促成概括与结合(常伴有渗透)的力量主要通过引入更高层次的抽象来起作用。正如我们在第四章指出的,促使系统演变的力量一般是遗传张力,但也不排除环境张力的可能性。

---

① 自然必须给出构造标准,比如有限方法的使用准则,这也在一定程度上导致了不同级别的数学存在。

17. 个体数学家必须保持与数学文化主流的接触,他不仅受到数学发展现状和现有工具的制约,而且必须熟知那些具备结合潜能的概念(参考怀尔德,1953:439)。

这条规律的叙述不是以规律的形式而是作为引文的一个总结性意见出现的。那篇文章中给出的例子值得参考,但是,我们还可以增加布尔和数理逻辑的经典案例。在早期数学文化体系的状况下要创造数理逻辑几乎是不可能的。认为代数符号并不一定代表数字,而是对满足一定运算规律的思想对象的自由表述的这一种观点是创造符号逻辑所需要的前兆。

18. 数学家们时常宣称,他们的课题已几乎被"彻底解决"了,即所有本质性的结果都已获得,剩下的工作只是填补细节。

在第四章第 1 节我们已经简要地讨论过这一点。站在文化的层面上,我们可以举出 18 世纪末的一个例子。那个时候普遍认为数学问题已经被彻底解决了,有关的讨论读者可以参考史都克(Struik, 1948:198 - 199)。

从数学史记载的评论中也可以发现数学家个体表达了同样的想法。例如,正如我们在第四章第 1 节指出的,巴贝奇在 1813 年曾宣称"数学的黄金时代无疑已经过去"。我还曾列举一位年轻数学家的例子,他刚在拓扑学领域获得哲学博士学位后就决定不再在这个领域内从事研究了,因为他觉得"拓扑学的发展很明显已到了尽头",然而这正是在 20 世纪 20 年代初,拓扑学正处于要急剧发展的时期!

19. 文化直觉认为,每一个概念、每一条理论都有一个开端(参考怀尔德,1953:428)。

我们可以通过用最初创造者的名字来给定理、方法、概念等命名的事实来说明这条规律。后来历史研究表明,在这些人之前,还有很多更早期的创始人。这并非是一个严重的问题,因为除了那些非常重视优先权的人,人们都认为其实取一个识别度高的名字比尊重历史的真实性更重要,尤其是在假定的事实已记录在案时。

最基本的困难当然就是文化过程的连续性,它经常使得我们既不能确定文化的创始人,也无法弄清楚整个文化事件的过程。把希腊的演绎几何起源归功于人们的共同实践就是一个极好的例子。即使像泰勒这样的人,我们如果将文化演变的起源归因于他,看来也是荒谬的。

20. 数学的最终基础是数学界的文化直觉。

在讨论规律 9 时,我们已经提到了文化直觉的概念,当然,它不是固定不变的,而是随着数学本身的发展而发展;它也不是普遍适用的,因为在数学不同领域工作的人有各自从他们的研究课题中获得的文化直觉。

在本世纪初,人们试图为所有的数学建立一个稳固的根基。诚然,这是对数学思维的巨大贡献,但是为所有数学寻找基础注定是要失败的。这不是因为哥德尔的不完备性定理(常引用它来否定希尔伯特的计划),而是因为并不存在一种结构能够容下直觉中所有可能的概念,更不用说那些尚未出现的或者来自于集体直觉的概念了。然而,不论数学可以达到怎样的抽象程度,在它的基本原理中永远也不能避开直观的概念,而且如果没有集体直觉,数学研究就会枯萎,人们的直觉永远是产生新概念的源泉。

21. 随着数学的发展,隐藏的假设不断被发现并得到明确的表述,其结果或是被普遍接受,或是被抛弃,在接受它的同时通常还可利用新的证明方法对假设进行分析。

在现代数学中一个极好的例子就是选择公理,作为一个隐藏的假设它曾被康托尔使用过。它最初是在 1890 年由皮亚诺叙述并应用。1902 年俾波利维(Beppo Levi)认识到这是一个独立的证明原则,但直到策梅罗发表了他的良序定理的证明之后才意识到它的重要性。波雷尔不久指出良序定理和选择公理是等价的,到现在公理的意义已经被充分地认识到了,进一步的研究也揭示了许多等价的性质。经过在集合论中的充分使用,除了那些坚持构造性的数学哲学的人以外,选择公理已被普遍接受。

历史上另一个著名例子就是直线和实数系的连续性问题,这是欧几里得的《几何原本》中需要证明的问题,到了 18 世纪在数学家柯西、波尔查诺、魏尔斯特拉斯的手里才取得进展。另外一些例子可以在无限序列的敛散性理论、极限的存在性理论、微分理论中找到。

22. 适当的文化气氛是数学蓬勃发展的充要条件,包括机会(opportunity)、动机(incentive,如新领域的出现、悖论或矛盾的发现)和材料(material,参考怀尔德,1950:264)。

关于这一条规律,我们可以参考引文,那里首次阐述了它的实质,即宿主文化(包括数学文化本身)要对数学创新负责。正如我们早先提到过的,也少不了个人的聪明才智。

23. 由于数学的文化基础,数学中不存在什么绝对的东西,只有相对的东西(参考怀尔德,1950：269)。

为了说明本条规律,我们再一次参考引文,这条规律首次出现在那篇文章里。讨论的实质就是根据文化基础来给每一个数学概念进行分类,而这种分类导致了不同数学结构的产生。

在本章结束时,我们认为,关于上面每一条规律的有效性还值得进一步讨论。我们觉得这些规律在前面几章的讨论中也已得到了验证,但像大多数的"规律"一样它们也可能有例外,其中一部分可能论述得不够充分,还需要加以补充。

第八章　20 世纪数学的作用与未来

海象说:"很多事情现在已经可以拿出来谈论了。"

——道奇森(C·L·Dodgson)

虽然前面几章已经做了清楚的说明,但是,我们希望关于数学概念的一般特征可以在原来的基础上变得更加清晰。

1. 数学在 20 世纪文化中的地位

首先,我们把数学称为一般文化的"子文化",同时它本身也是一个"文化体系",在第一章我们已经讨论过"文化"、"文化体系"等术语,但是,这个世界到处充满文化,不是每一种都有我们所说的数学子文化。从原始文化开始就已经出现了数学,但如今许多这种原始文化由于"文明"的渗透已经采用了新的计数制,这种计数制就满足他们自身目的以及应付其他文化来说已经足够了。很明显先前的论述中我们并不曾考虑到这种文化。相反,我们通过"一般文化(general culture)"指出了那些不仅拥有发达的数学体系而且通过它们自身的研究参与了数学持续发展的现代文化。这些文化集合在一起又形成了另一种文化,"美利坚合众国文化"就是这一类文化。这实际上是一种子文化的集合,这几种子文化之间并没有太多的共性。由于现代发达的通讯,我们可以说"数学文化",尽管作为其载体的文化在生活的其他方面有点截然不同的差异。但大概没有人会说"英国-意大利文化",而就数学来说,除开一些表面上的差异(如不同国家对数学研究形式的偏好)以外,英国和意大利数学都是同一数学文化的组成部分。

随着岁月的流逝,数学文化通过渗透效应已经传播到了一些在以前一直不重视数学研究的民族文化之中。现在(1979)中国正在与数学研究比较活跃的国家建立联系,我们希望能够看到中国在数学上的复苏和繁荣。我们还更希望看到数学在发展中国家,尤其是在非洲大陆上的国家(除了那些已经构成数学文化组成部分的国家,如埃及和南非)的发展。这些长期没有参与现代世界科学发展的国家,通过渗透效应无疑将会建立科学特别是数学的子文化。在欧洲和美国的一些大学已经出现了来自这些国家的数学家,虽然他们中的大多数人可能不打算回国,但是一旦他们的祖国建造好必要的图书馆和实验室,终将还是会吸引他们回归祖国。

2. 未来的"黑暗时代"?

当然,前面的论述是建立在有利的环境张力基础之上的,当前影响世界形势的政治和人口问题变幻莫测,因此,要精准预测数学和科学传播的进展是不可能的。历史记录了希腊和希腊文化的伟大作品几乎处于休眠状态的"黑暗时代",直到出现西欧文化,它才缓慢得以复苏。很明显我们并不能保证当今不会出现另一个"黑暗时代",我们只能作预测。作为一般文化的子文化,来自一般文化的环境张力可能是灾难性的。当然,我们必须记住,我们说"黑暗时代"仅仅是就上面定义的一般文化而言的。历史上笼罩着西欧文明的"黑暗时代"并非对阿拉伯文化起着不利的影响。事实上,后者经历了艺术和文学上的繁荣,虽然它没有孕育出后来西欧继承者所产生的数学,但却保持了希腊和巴比伦数学的活力。今天的数学文化应该对此感到庆幸,于是有人寄予希望,将来的"黑暗时代"对现代的文化的影响也会出现类似于阿拉伯文化的情况,也会保存那些在文化的衰退过程中可能会失去的数学著作。自然这完全是一种猜想,因为现代数学高度抽象的特点使得经历这样的黑暗时代之后的现代数学的复兴将会遇到巨大的困难,这是历史上黑暗时代之后的希腊数学复兴所无法比拟的。

许多希腊数学著作被不可挽回地丢失了,其中一些是由于亚历山大图书馆的毁灭所造成的。某些文艺复兴时期的学者尝试恢复一些资料,如阿波罗尼奥斯后期关于圆锥曲线的著作。但是其他的一些书,如欧几里得的《衍论》(*Porisms*)、《曲面逻辑》(*Surface Loci*)就已经失传。可是,现代数学是否因此受到了损失呢?考虑现代数学达到的高度抽象,那么这一点则是值得怀疑的。当然有可能有些被看成的新的几何研究[如莫莱(Morley)后来发现的定理]其实早已存在于某些丢失的著作中,但是可以说,现代数学的总体进展几乎没有受到这些损失所带来的影响。

另一方面,一个灾难性的损失或者是未来的黑暗时代带来的损失,对一般文化的进展起相当重要的影响。这种损失与希腊数学的损失截然不同。考虑当今世界的状况,相互联系变得越来越明显,而在希腊和希腊文明时代,没有人注意到玛雅文化,反之亦然。今天我们不仅知道整个地球的文化发展,而且即使"原始"的文化也会对西方文化存在一定的认识,尽管只是偶尔有几辆飞机穿过他们的上空。希腊时代重要的但却十分简陋的图书馆也为今天现代化的图书馆所代替,①并且这样的图书馆遍及全世界。很难想象出一个黑暗时代甚至一场灾难会毁灭所有这些图书馆。但是,如果没有人能够看懂和理解它们的内容,图书馆的存在又有什么意义呢? 也许这就是"黑暗时代"将会造成的困境。

3. 数学在 20 世纪中的地位

我们在上面已经看到,我们所说的数学文化目前一般限于世界上的先进文化,一般说来,那里也是技术发达的地区。数学影响了这些文化的技术部分,同时文化当中的技术、科学也有着数学的应用,数学在一般文化和技术中最新的应用成果就是"计算机",计算机不仅加速了现代社会技术的进步,而且也大大地改变了人们的生活方式,如汽车和飞机一样。

可是,除了所谓的计算机理论,计算机像在此之前的算术运演和算盘一样,已经变成了工程师和商业界的工具,他们正在实现上面提到的那样一种变革。关于现代数学的其他成果又怎样呢? 逐年来越来越明显的是,数学核心通过产生新的概念来服务于一般文化,这些新概念除了应用于数学本身之外,将会添加到一般文化之中,满足目前无法预见的需要。

群论就是一个很好的例子。最初由于它的高度抽象性我们几乎无法预见它在数学核心以外所起的任何作用,然而在本世纪它却在物理学中扮演着关键性的角色。戴森(Dyson)在 1964 年回忆到:

---

① 即使是在希腊时期,肯定也存在着一些私人图书馆,但仅限于希腊、罗马和其他近东地区。

1910 年数学家奥斯瓦尔德·维布伦（Oswald Veblen）和物理学家詹姆斯·琼斯（James Jeans）在普林斯顿大学一起讨论数学课程的改革。琼斯说："我们可以丢掉群论，因为这是一个对物理学没有任何作用的学科。"当时没有记录维布伦是否驳斥了琼斯的观点或者他是否在纯数学的背景下为保留群论而辩论过。我们所知道的是后来还是继续开设群论这门课程。维布伦对琼斯的建议不予理睬，这后来成为普林斯顿大学的一段重要的科学史。具有讽刺意味的是后来群论成为物理学的一个中心课题，现在它是我们理解基本粒子的思维工具。碰巧的是，从 20 世纪 20 年代至今提出物理学中群论观点的两位先驱，外耳（Hermann Weyl）和尤金·维格纳（Eugene P. Wigner），正是普林斯顿大学的教授。

这样的轶事实质上还可以通过许多其他例子来再次说明。在 19 世纪末和 20 世纪初，有谁会预见到由布尔、弗雷格、罗素和怀特海德以及希尔伯特研究的递归性可作为计算机理论的基本概念之一呢？又有谁能够预见到由凯莱开创的矩阵理论会成为海森堡（Heisenberg）在 1925 年对量子力学现象进行数学描述所不可少的工具呢？抑或有谁曾经预料到牵涉复变量的解析函数理论在物理尤其是在电子现象中会有广泛的应用呢？这样的例子还有很多。事实上已经很清楚了，今天的纯数学就是明天的应用数学。正如布雷斯韦特（Braithwaite）所指出的，"……纯数学家应该领先科学家 50 年"（布雷斯韦特，1960：feng49）。（参看第二章第 1 节关于冯·诺依曼的引文以及数学与科学之间的普遍联系，参看怀尔德，1973）

正如先前已经指出的，我们在讨论环境对数学的影响，尤其是政府和个人的资助对研究的影响时，不可避免地要考虑到这些资助机构对研究进程造成的直接影响。我们从一项研究因为没有考虑"任务取向"（mission-oriented）①即被拒绝资助的情况就可以更加明白，资助的目的仅仅是为了给那些对资助机构有用的研究提供资金而并非面向所有一般的研究。10 年前，美国空军科学研究办公室采取过这样的行动。

从文化的角度，我们可以从两个方面来讨论关于控制一个文化体系的演变的

---

① 一个项目的任务取向就是其研究目标，即其成果的应用。

可行性问题：(1)它是否可能；(2)如果是可能的，是否有这样的个体或团体，他们有着预言家的智慧来选择能够实现既定目标的正确途径。纵观我们上面的讨论，我们已经研究了影响文化体系演变的过程和力量。我们承认作为文化力量综合体的个人行为将对个人的意识造成冲击。

当数学演变时，赶上文化主流的个体数学家不仅借用了其中的思想，而且也受到其他同行的影响。在维布伦和琼斯的一段轶事中，维布伦，一个"纯"数学家和格言家，无疑已经注意到群论的整体特征，而且可能注意到了数学核心概念已经对物理和哲学思想发生过的影响。另一方面，琼斯尽管非常熟悉经典数学在物理学和天文学中的应用，但在1910年，群论不仅不是"经典"，而且它代表的是一种构造性的而非算法上的数学，这在当时无疑被认为与哲学接轨。从专业背景和所受教育程度来看，我们可以预测维布伦和琼斯对于在大学课程中保留群论所持的态度，不幸的是多数大学都没有表现出普林斯顿的这种先见之明。直到20世纪20年代末30年代初，群论这门课程才进入美国大学的课堂。那时，群论在现代代数以及其他科学中的重要性已开始迫使将其引入到课程中来。

回到是否可以控制一个文化体系的演变过程这个更一般问题上，关键是要看谁或者什么东西来控制。当然，人和组织作为文化的载体，参与演变的过程，但是他们能够预测到未来，并且采取行动来改变演变的过程吗？人类学家认为做不到，有人谈到："每个人都不希望发生战争，但是制止战争的措施却证明是徒劳的。战争仍然频繁地在发生，它似乎是文化不可控制的一部分。"也有一些人并不赞同这一观点。第二次世界大战之后，一些思想家特别是物理学家成立阻止核武器扩散的组织，但是这一举动明显没有起到什么作用。现在还有人企图制止使用和建造生产能量的核电站，但一种文化在发生作用的同时是否也应该考虑一下个人感受呢？

关于个人或组织是否具有预言家的智慧来选择能够实现既定目标（如消除战争）的正确途径的问题，答案毫无疑问是否定的。我们可以举出人类历史上在完成既定目标时做出的一个又一个的错误决定的例子。就文化体系的理想目标构成来说，过去的历史没有提供明确的答案，它仅仅说明了这些努力是徒劳的而已。

尽管这些结论有些悲观，但是对文化体系的研究来说仍然具有指导性的作用。简言之，这就是我们在第七章对规律的陈述中试图想表明的。事实表明，我们在对文化体系进行预测的过程中已经取得了一定程度的成功（像我们在第七章开头所陈述的那样）。这与动物学家的情况大致相同，其兴趣是研究动物的行为，当他了解一类特定动物过去的行为后，他就能断言这类动物在一个给定环境下会如何反应。反过来，如果他希望产生这样的反应，他就只需要创造那种可以产生反应的条件。

因此，假如我们希望促使某个文化系统出现某种研究的结果，我们就可以创造那些得以产生那种结果的条件，当然这需要在一定的限制之内。在第二次世界大战期间以及之后，美国政府机构试图增加科技产品就是一个例子。它在科学文化特别是数学文化体系中得到了预期的效果，但是这并不是控制一个系统去产生一类特定的数学结果，这种尝试最后注定要失败。我们从上面观察到数学演变的过程似乎总是倾向于更高一层的抽象，在第七章第 16 条规律中我们指出：数学体系只能在遗传张力的作用下，借助于概括和结合来完成更高层次的抽象。试图把数学转变成为所谓的"实际"需要而服务的学科是徒劳的。

例如，来自于宿主文化的环境张力必定会对数学演变产生影响。今天（1979年）在美国，由于学生人数的不断减少以及通货膨胀的影响，培训哲学博士的教学和学术机构的数目也在日渐减少。这样的一个后果就是哲学博士可能转向在政府和工业部门求职，由于科技的发展这将成为必然的趋势。这些职位许多都需要一定的计算机知识，因此，数学专业学生被迫要求增加计算机理论和应用方面的课程的训练。很明显，这种情况很有可能影响核心数学的发展，但我们必须注意到，这是文化力量作用于数学文化体系的一个结果，不为任何致力于改变数学演变过程的个人或组织所支配。

4. 数学在自然科学和社会科学中的应用

任何人都知道数学在日常生活中的应用。自从苏美尔和巴比伦时代开始，它就进入了人类的生活并且成为了小学必修的课程，然而，这不是我们现在所要关心的。我们所指的是在现代为了"数学"目的而创造的那一类数学，并且通常构成了核心数学的主要部分。在上面我们已经提到了群论及其在物理学中的应用。

数学在其他科学领域的应用一般可以划分为两类：（1）作为一种工具；（2）作为概念结构的来源。我们在前面的几章涉及的是作为一种工具，或者说是一种数学语言，这可以为那些对数学的研究提出"这有何作用"的问题的人提供一个参考。关于电磁感应,法拉第也曾被问到同样的问题,他当时回答说:"总有一天你会受益。"

近代,数学不仅在计算机理论方面有着广泛的应用,而且像数理逻辑、有限数学、组合学的应用也是如此,这些应用与早期天文学家、物理学家对微积分或经典分析的应用相类似。这些都具有不言而喻的重要性,并且影响了数学演变的过程,还满足了科学对数学这一特殊工具的要求,这些事实在今天已经被普遍地认识到。

对于上面提出的(2),关于数学作为概念结构的来源,人们知道的就不是那么多了。这需要得到更广泛的认可,因为它们反映了核心数学的重要性。一般来说,为了提供一种新概念工具而创造的数学其实对数学的演变意义并不大,而是一种遗传张力的结果。然而,出于数学的目的而创造的数学最容易推动数学进一步的发展并且任何人都不应该忘记,它导致了一个新的概念结构的出现,这个新的概念结构构成了科学思维上一个新的里程碑。对于爱因斯坦来说,里奇积分和黎曼几何为他的研究作好了充足的准备,因此,即使是作为一种核心数学也需要满足未来发展的需求。但是,大多数理论物理学家认识到,当他们缺乏想象力的时候,他们往往借助于核心数学来激发灵感,再一次引用戴森的话:"对物理学家来说,数学不仅仅是用来计算的工具,还是创造新理论的概念和原理的主要来源。"

在第二章第12节,我们引用了许多物理学家思考过的一个问题,诺贝尔奖获得者维格纳称它为"数学在自然科学中的意想不到的运用",还特别引用了复数在量子力学中的应用。维格纳也提醒大家注意数学公式的应用规律,当被应用到远远超出最初设想的应用范围时总是产生意想不到的结果。他还进一步肯定了认识论的经验规律,即作为描述自然法则的数学公式的适用性和精确性是根据它的可操作性来选择的,自然法则的精确性不言而喻,但它的适用范围却非常有限。

维格纳在他的结论中声称:"运用数学语言描述物理规律是一个奇迹。不管结果如何,我们都应当感激它并且希望它能够在将来的研究中保持活力并扩大知识的范围。"

关于数学在社会科学方面的应用是否可做同样的结论还有待对人类行为的进一步研究。纵观历史,数学与物理学之间的这种亲密关系在社会学中是不会出现的,因此,维格纳所说的"奇迹"在这里是不大可能发生的。

　　另一方面，与物理学比较，社会科学还仅仅站在它们演变的起点上，有迹象表明数学与社会科学尤其像经济学这样古老的学科的联系正在日益加深。这种联系最终会导致不同于今天存在于数学和自然科学之间的那样一种局面。

　　事实上，在数学演变中，始终存在一种变化着的力量，它从外部和内部对数学发生影响。在数学演变的早期阶段，遗传张力几乎没有起作用，这主要是因为数学还没有成为一个文化体系，尽管遗传张力的作用可以追溯到巴比伦数学时代①（正如我们早先指出的）。随着现代时代的到来，数学逐渐成为一个子文化体系，而遗传张力的作用有助于把数学变成一个自洽的文化体系，能够产生它自身的内在力量，如符号表现、结合、抽象等，与此同时，由于自然科学的发展而产生的文化性环境张力继续影响数学的发展。在16至19世纪，数学和自然科学这两个不断发展的实体，常常在同一个人身上体现出来，直到数学和各种其他自然科学的复杂性日益增加后才出现了"专家"，并且随着科学的日益的专业化才渐渐被分为"数学家"、"物理学家"、"化学家"等等。

　　随着这一改变，一些数学家成了"数学物理学家"、"工程师"、"统计学家"、"精算师"等，当与商业机构发生联系时又成了"应用数学家"。用文化体系的术语来说，正在发生的正是宿主文化中的环境文化对数学的冲击，促使"纯数学家"成为其他方面的专家。尽管这样，但是内部因素还是不断增长，核心数学还在继续扩大，这不仅因为内部压力在起作用，而且由文化环境提出的概念结构也在起作用。后者通常不直接作用于环境，在多数情况下，要等到它在数学内部得到了充分开发之后才起作用。统计、概率论以及后来的计算理论就属于这种情况。

　　核心数学的发展似乎已经具有了一般的模式，它的抽象理论和特殊结构可以应用于数学外部的文化发展，我们在第二章第12节中已经提到了这个现象（"一个问题"）。在环境张力和遗传张力的对立中，不断存在着从核心数学到环境的渗透。近代产生的博弈论、计算机理论、运筹学、线性规则、系统分析、通讯科学、最优化等等都正在验证这一点。这导致了"应用数学"术语的意义的转变。在二次世界大战前，应用数学主要由经典分析及其在力学和物理学中的应用（一般说自然科学和工程的应用）组成，而这类应用一般都被那些应用了数学的专业吸收进去了，但在一些情况下，"应用数学"却又加入到了原有的核心数学中去。由上面

---

① 关于巴比伦数学文化力量的作用可参考《数学概念的演变》第二章第4节。

列举的某些学科组成的新的"应用数学"，与原来相比具有完全不同的意义。它除经典分析之外，还包括现代代数。今天，数学家在各种领域工作，如航空工业、经纪公司、银行等。有人猜测，某些数学家从来没有解过一个微分方程，但是他们擅长应用有限数学，尤其是运用数学方法解决社会和商业的问题。

在这样的情形下，受环境张力作用的数学系（科）必然需要对课程进行调整或改编，以便将这些新的应用反映到课程中来。而许多数学家，尤其是那些缺乏历史眼光的数学家会认为自己面临一个崭新的情境，并且为怎样去应付而感到疑惑。所有这些都不足为奇，都不是什么新鲜事，在本世纪初出现的"应用数学"与核心数学的分离也只是在类似情形下做出的反应，虽然其他人可以通过课程以及人员调整来处理"危机"。为了回答"分或不分"的问题需要对当时的情况以及涉及的数学名人作仔细研究。正如我们在第七章第 16 条规律以及第二章第 6 节的相关讨论中已经强调的，数学最强大的力量是通过不断地抽象来实现的，若试图中断这一过程将导致应用科学赖以生存的核心数学的停滞（或毁灭）。随着新概念的不断积累，必然需要向数学的"用户"做出解释并作相应的课程调整。① 个别院系如何行事将极大依赖于其对数学演变的认知程度（包括数学是怎样演变的和已经演变到什么程度，以及演变过程中什么力量正在日益增加等），尤其是熟知本世纪初期类似的发展将有助于做出这类决定。

5. 关于编史工作

我们通过应用在第三章所列举的历史事实得到了关于数学文化性质的一些概念。在总结时，我们提出关于历史的编纂即编史工作的一些观点。到现在为止，就可能得到的材料来说，历史著作似乎已经充分覆盖了组成数学史的全部事件，随着消息来源的持续增多，历史还在继续延伸。一个典型的事例就是，大约在半个世纪以前，纽格鲍尔（Neugebauer）通过对亚述学家和其他人所发掘的隐藏在一大堆刻着文字的黏土书版中巴比伦文本的释疑和说明，给至今为止我们关于巴比伦数的贫乏的知识加进了新的内容。

---

① 这里整个讨论我们都受到了美国局势的影响。然而随着技术的发展和工业化的推进，在发达国家也会出现类似的问题。

很多时候,我们必须站在非个人的立场上看待数学史,这只不过是因为个人创造者还尚未被了解清楚。数学史家认为,随着希腊时代的到来,之前的一些数学家,比如被认为是几何学鼻祖的泰勒(虽然人们对他发明概念的能力持怀疑态度)以及后来出现的欧多克索斯、柏拉图等人所取得的成果无疑受到了不可通约量和芝诺悖论的文化冲击。很多学者甚至对有关公理化方法的引入以及附属逻辑结构问题进行了研究,并试图弄清其中的缘由。这些学者中最值得注意的要数萨博(Szabo)。

随着现代化的到来,数学概念的发明者也渐渐被确定,于是形成了按照年份来记录历史上的个人及其成就的趋势。与此同时,数学正在发展成一种文化体系,文化因素反过来又进一步作用于数学发展的过程。正如我们强调过的,数学并不是在真空中发展的,它深深扎根在孕育它的文化中,诚然,这是史学家所认识的一个事实。但是随着数学发展成为一种文化,又出现了新的力量补充到原本环境所施加的那些影响之中,忽视这些意味着只是部分理解了数学演变过程。即使在形成阶段,除了环境张力对它的冲击之外,数学也受到文化滞后和文化抵制的影响,社会力量可能会阻碍一种文化向另一种文化的渗透——这大概是希腊人没有能够充分地从巴比伦数学发展中受益的一个因素。

随着文化地位的确立,诸如遗传张力、结合、选择、符号表达、抽象这样的内在力量在数学思想的演变中越来越重要。忽视这些力量和影响数学演变的特有模式就无法使历史学家全面了解历史进程。当然,数学是通过个体来完成的,但是这些个体具有共同的(尽管是可变的和多样化的)数学文化。在研究高斯和黎曼的成就时,为了完全理解和鉴赏他们所完成的研究,我们应该研究他们赖以生活和工作的数学文化和环境文化。如果有关重复发明的优势已经得到广泛认知,其原理亦被理解的话,那么就再也不会听到像鲍耶这样的抱怨:"我们不能让两个甚至三个互不相识的人几乎同时各自通过不同途径完成同一个课题。"①熟知上面叙述的方式尤其是第七章的规律,似乎可以帮助解释许多在数学史中还尚未得到很好解释的现象。

例如,我们总是感到我们没有像在《数学概念的演变》中所做的那样去辨别数

---

① 与博耶相似,他的导师摩尔的抱怨也同样给我留下了深刻的印象。因为当时我对文化的相关知识知之甚少,所以我无法给摩尔提供任何帮助。

学演变的力量，因为所有的一切都已被命名。除了意识到给一个概念命名的重要性之外，我们希望在第四章和第五章中关于遗传张力和结合的分析能够帮助理解这些力量，也许我们应该更多地去研究环境张力，当然我们希望在此之前这个概念可以被众所周知。

数学的演变已经形成了一个文化流，有时甚至被分成涓涓细流，但最后还是汇合到主流中去。数学家从这里选择一个或多个感兴趣的领域进行研究并做出贡献，在这之后又传给他的后继者。对每一类这种事件，历史学家根据其重要性进行记载，但是作为文化体系中的事件，关于它在特定时间和地点存在的理由值得更进一步的论述，特别是其中所涉及的先前的和当前的文化力量。

附　录

致有抱负的数学家

我们希望在这本书中能够明确我们所认为的在这个先进时代需要认识的东西，即数学是人类创造的亚文化，它形成了一种在某种意义上支配其承载者的文化体系，这些承载者能够观察出诸如我们在第七章列举的那些规律。对于那些希望把数学作为职业的学生来说，罗列出一些一般性质似乎是恰当的。就像面对所有的建议一样，我们可以选择接受或拒绝。我们特别关注那些即将开始从事数学研究的学生。

1. 不要太担心自己是第一个得到结果的人。这不仅会在精神上对你造成伤害，而且必须意识到的是，数学史上大多数的"第一次"其实都不是第一次。此外，如果这是一个好的结果，表明你有能力进行重要的研究；如果它还是你的博士论文，而你的导师也认同的话，那么他会让你获得学位。永远不要忘记，我们都"站在巨人的肩膀上"①，我相信所有经验丰富的数学家都会赞同这一观点。

2. 同样要注意的是，当一个人做出重大突破，比如得出一个突出问题的解决方案或者创造一个重要的新概念时，其他数学家可能会同时独立地对其进行研究。但不要抱有怨恨，因为这是我们文化的运作方式。②

3. 如果你的研究是数学的核心，那就不要担心它会太过抽象。记住："最大的抽象是控制我们对具体事实思想的真正武器，这一悖论现在已经完全确立。"（Whitehead，1933：48. 见上述Ⅲ-6，7）

4. 永远要知道，当你的研究进行得太过艰难时，其他一些邻近的研究领域可能会隐藏着想法，将这些想法与你正在研究的概念进行结合可能会成为化解困难的

---

① 如果你认为伊萨克·牛顿是第一个阐明这一观点的人，那就读莫顿的《站在巨人的肩膀上》一书和哈考特于1965年出版的《撑杆与世界》，这是一篇具有学术性但却诙谐、迷人的文章。

② 也许英国自然科学家有办法通过文化适应来避免这种情况。根据沃森（1969：19）的说法，对于一位英格兰的科学家来说，基于一个已经由其他的英格兰科学家研究过的问题而开展的研究看起来是不恰当的。

关键。数学有着内在的统一性,这一性质受益于数学的每一领域,特别是当问题就快要被解决的时候。

5. 永远记住,既然你通过你的综合与创造力为数学文化流作出了贡献,那么你的研究最好与你的数学同事正在做的工作以及他们的想法保持一定的关联性。通过会议、期刊和用于记录和传输新结果的先进的现代通信手段,很容易做到这一点。通过这种方式,你可以保持与数学文化的联系,并建立双向合作关系,这将有助于你和你的数学同事对你正在从事的研究保持兴趣。此外,你不仅会意识到最需要解决的问题,还会意识到概念之间最佳的合成时机。

6. 永远不要担心你的兴趣领域会被研究透彻。如果你真的这么认为的话,请回想第四章第 1 节以及第七章第 18 条规律后对照你自己的研究,那么几乎可以肯定,你会找到一种可以将你的兴趣与更广泛的兴趣结合起来的一种方法。或者,当物理学家在数学中寻找新的概念结构时,你会意识到一些其他领域中的结构,而往往在这些领域内能够提出与你的兴趣领域有关的新结构。

7. 永远不要忘记那些著名的尚未被解决的问题。它们可能只是在等待数学相关领域中概念和方法的产生,而这些概念和方法能够促使问题的解决。回想一下著名的四色猜想,计算机的出现使这一问题的解决成为可能,它能够检测出大约 1200 种需要被消除的情形。

8. 你的起点比你的前人要高,你不会受到过时的方法或工具缺乏的限制,因此你会逐渐发现,你有能力厘清那些在某领域研究之初前辈们经常无法理解的概念。

参考文献

Appel, K. and Haken, W. (1977) "The solution of the four-color-map problem," *Scientific American*, vol. 237, pp. 108 - 121.

Banach, S. and Tarski, A. (1924) "Sur la decomposition des ensembles de points en parties respectivement congruentes," *Fundamenta Mathematical* vol. 6, pp. 244 - 277.

Bell, E. T. (1945) *The Development of Mathematics*, 2nd ed. , New York, McGraw-Hill.

Bell, E. T. (1951) *Mathematics: Queen and Servant of Science*, New York, McGraw-Hill.

Beth, E. W. (1959) *The Foundations of Mathematics*, Amsterdam, North-Holland Publishing Co.

Boyer, C. B. (1968) *A History of Mathematics*, New York, John Wiley &. Sons.

Bourbaki, N. (1960) *Elements d'Histoire des Mathematiques*, Paris, Hermann.

Braithwaite, R. B. (1960) *Scientific Explanation*, New York, Harper and Row Publishers.

Brouwer, L. E. J. (1976) *Collected Works*, 2 volumes, ed. H. Freudenthal, Amsterdam, North-Holland Publishing Co. , or New York, American Elsevier Publishing Co.

Browder, F. E. (Ed.) (1976) *Mathematical Developments Arising from Hubert Problems*, Providence, R. I. , American Mathematical Society.

Bunge, M. (1962) *Intuition and Science*, Englewood Cliffs, N. J. , Prentice-Hall, Inc.

Carr, G. S. (1970) *Formulas and Theorems in Pure Mathematics*, 2nd ed. , New York, Chelsea. [The 1886 ed. was titled "A Synopsis of Elementary Results in Pure Mathematics. "]

Childe, V. G. (1946) *What Happened in History*, New York, Penguin Books.

Cole, J. R. and Cole, S. C. (1973) *Social Stratification in Science*, Chicago, University of Chicago Press.

Conant, L. L. (1896) *The Number Concept*, New York, Macmillan.

Coolidge, J. L. (1934) "The rise and fall of projective geometry," *American Mathematical Monthly*, vol. 41, pp. 217 - 228.

Coolidge, J. L. (1963) *A History of Geometrical Methods*, New York, Dover. (Originally published in 1940 by Oxford University Press.)

Court, N. A. (1954) "Desargues and his strange theorem," *Scripta Mathematica*, vol. 20, pp. 5 – 13, 155 – 164.

Coxeter, H. S. M. and Greitzer, S. L. (1967) *Geometry Revisited*, New York, Random House/Singer.

Crowe, M. J. (1975a) "Ten 'laws' concerning patterns of change in the history of mathematics," *Historia Mathematica*, vol. 2, pp. 161 – 166.

Crowe, M. J. (1975b) "Ten 'laws' concerning conceptual change in mathematics," *ibid.*, pp. 469 – 470.

Crowe, M. J. (1978) [A review of EMCJ, *ibid*, vol. 5, pp. 99 – 105.

Dantzig, T. (1954) *Number, the Language of Science*, 4th ed., New York, Macmillan.

Dieudonne, J. (1975) "Introductory remarks on algebra, topology, and analysis," *Historia Mathematica*, vol. 2, pp. 537 – 548.

Dresden, A. (1924) "Brouwer's contributions to the foundations of mathematics," *Bulletin of the American Mathematical Society*, vol. 30, pp. 31 – 40.

Dubbey, J. M. (1978) *The Mathematical World of Charles Babbage*, Cambridge Univ. Press.

Dyson, F. J. (1964) "Mathematics in the physical sciences," *Scientific American*, vol. 211, pp. 127 – 146; reprinted in *Mathematics in the Modern World*, San Francisco, W. H. Freeman, 1968, pp. 249 – 257.

Feit, W. and Thompson, J. G. (1963) "Solvability of groups of odd order," *Pacific Journal of Mathematics*, vol. 13, pp. 775 – 1029.

Gilfillan, S. C. (1971) *Supplement to the Sociology of Invention*, San Fransisco, San Fransisco Press.

Grattan-Guiness, I. (1971) "Towards a biography of Georg Cantor," *Annals of Science*, vol. 27, pp. 345 – 391.

Hadamard, J. (1949) *The Psychology of Invention in the Mathematical Field*, Princeton, N. J., Princeton University Press.

Heath, T. L. (1956) *The Thirteen Books of Euclid's Elements*, 2nd ed., Cambridge, England, The University Press; republished in paperback in 3 volumes, New York, Dover Publications, Inc.

Henle, J. M. and Kleinberg, E. M. (1979) *Infinitesimal Calculus*, Cambridge, Mass., MIT Press.

Heyting, A. (1956) *Intuitionism. An Introduction*, Amsterdam, North-Holland Publishing Co.

Hubert, D. (1901-2) "Mathematical problems," English translation from original German, *Bulletin of the American Mathematical Society*, vol. 8, pp. 437 – 479.

Iltis, H. (1966) *Life of Mendel*, translated by E. and C. Paul, New York, Hafner.

Johnson, D. M. (1977) "Preclude to dimension theory: The geometrical investigations of

Bernard Bolzano," *Archive for History of Exact Sciences*, vol. 17, pp. 261 – 295.

Klee, V. (1979) "Some unsolved problems in plane geometry," *Mathematics Magazine*, vol. 52, pp. 131 – 145.

Kline, M. (1953) *Mathematics in Western Culture*, New York, Oxford University Press.

Kline, M. (1972) *Mathematical Thought from Ancient to Modern Times*, New York, Oxford University Press.

Koppelman, E. (1975) "Progress in mathematics," *Historia Mathematica*, vol. 2, pp. 457 – 463.

Kroeber, A. L. (1917) "The superorganic," *American Anthropologist*, vol. 19, pp. 163 – 213.

(1944) *Configurations of Culture Growth*, Berkeley, University of California Press; reprinted 1969.

(1948) *Anthropology*, New York, Harcourt, Brace, rev. ed.

(1952) *The Nature of Culture*, Chicago, University of Chicago Press.

Kuhn, T. S. (1970) *The Structure of Scientific Revolutions*, 2nd ed., Chicago, University of Chicago Press.

Lakatos, I. (1976) *Proofs and Refutations*, ed. J. Worral and E. Zahar, Cambridge, University Press. Originally published in *British Journal for the Philosophy of Science*, vol. 14, 1963 – 4, pp. 1 – 25, 120 – 159, 221 – 243, 296 – 342.

Lewis, J. A. O. (1966) *Evolution of the Logistic Thesis in Mathematics*, Ann Arbor, University of Michigan Dissertation.

Lusin, N. (1930) *Lecons sur les Ensembles Analytiques et leurs Applications*, Paris, Gauthier-Villars.

Menninger, K. (1954) *Number Words and Number Symbols*, Cambridge, Mass., MIT Press.

Merton, R. K. (1973) *The Sociology of Science*, Chicago, University of Chicago Press.

Monk, J. D. (1970) "On the foundations of set theory," *American Mathematical Monthly*, vol. 77, pp. 703 – 711.

Moore, E. H. (1910) *Introduction to a Form of General Analysis*, The New Haven Mathematical Colloquium, New Haven, Yale University Press.

Moore, R. L. (1932) *Foundations of Point Set Theory*, Providence, R. I., American Mathematical Society Colloquium Publications, vol. 13; rev. ed. 1962.

Neugebauer, O. (1957) *The Exact Sciences in Antiquity*, Providence, R. I., Brown University Press.

Oakley, C. O. and Baker, J. C. (1978) "The Morley trisector theorem," *American Mathematical Monthly*, vol. 85, pp. 737 – 745.

Poincare, H. (1946) *The Foundations of Science*, translated by G. B. Halsted, Lancaster, Penn. , Science Press.

Poncelet, J. -V. (1865) *Traite des Proprietes Projectives des Figures*, 2e ed. , Paris, Gauthier-Villars, 2 vols.

Poudra, M. (1864) *Oeuvres de Desargues*, Paris, Leiber, 2 vols.

Price, D. J. de S. (1961) *Science since Babylon*, New Haven, Yale University Press.

Ramanujan, S. (1962) *Collected Works*, ed. G. H. Hardy, P. V. Seshu Aiyar and B. M. Wilson, New York, Chelsea Publishing Co. [Original published by Cambridge University Press in 1927.]

Robinson, A. (1966) *Non-Standard Analysis*, Amsterdam, North-Holland Publishing Co.

Riemann, G. F. B. (1854) "Uber die Hypothesen welche der Geometrie zu Grunde Liegen," Göttingen, Habilitationsschrift.

Rodin, M. , Michaelson, K. and Britan, G. M. (1978) "Systems theory in anthropology," *current Anthropology*, vol. 19, pp. 747 – 762.

Rudin, M. E. (1975) *Lectures on Set Theoretic Topology*, Providence, R. I. , American Mathematical Society [No. 23 of Regional Conference Series in Mathematics.]

Russell, B. (1937) *The Principles of Mathematics*, 2nd ed. , New York, W. W. Norton.

Sanchez, G. I. (1961) *Arithmetic in Maya*, Austin, Texas, published by the author (2201 Scenic Dr.).

Sarton, G. (1950) "Query no. 129. Desargues in Japan," *Isis*, vol. 41, pp. 300 –301.

Shapiro (1970) *Aspects of Culture*, Freeport, N. Y. , Books for Libraries Press.

Schoenflies, A. (1908) *Die Entwicklung der Lehre von den Punktmannigfaltigkeiten*, II, Leipzig, Teubner.

Simpson, G. G. (1952) *The Meaning of Evolution*, New Haven, Yale University Press.

Struik, D. J. (1948) *A Concise History of Mathematics*, 2 vols. , New York, Dover.

Swinden, B. A. (1950) "Geometry and Girard Desargues," *Mathematical Gazette*, vol. 34, pp. 253 – 260.

Szabo, A. (1964) "The transformation of mathematics into deductive science and the beginnings of its foundation on definitions and axioms," *Scripta Mathematica*, vol. 27, pp. 27 – 48A, 113 – 139.

Taton, R. (1951a) *L'Oeuvre Mathematique de G. Desargues*, Paris, Presses Universitaires de France. Contains original text of the *Brouillon Projet* based on the text found by M. Pierre Moisy in the Bibliotheque National ca. 1950.

Taton, R. (1951b) *L'Oeuvre Scientifique de Monge*, Paris, Presses Universitäres de

France.

Taton, R. (1951c) *La Geometrie Projective en France de Desargues ä Poncelet*, *Conference fait au Palais de la Dicouverte le Fevrier 1951*, Universite de Paris.

Taton, R. (1960) *Les Origines de la Geometrie Projective*, in Notes du 2e Symposium International d'Histoire des Sciences (Pisa-Vinci, 16 – 18 June, 1958).

Thompson, E. S. W. (1977) *Sociocultural Systems: An Introduction to the Structure of Contemporary Models*, Dubuque, Iowa, Wm. C. Brown, Publ.

Tuckerman, B. (1971) "The 24th Mersenne Prime," *Proceedings of the National Academy of Sciences*, U. S. A. , vol. 68, pp. 2319 – 2320.

Tylor, E. B. (1958) *The Origins of Culture*, New York, Harper Torchbooks.

Veblen, O. (1921) *Analysis Situs*, New York, American Mathematical Society Colloquium Publications, vol. 5, part 2. 2nd ed. , 1931.

Von Neumann, J. (1961) "The role of mathematics in the sciences and society," in *Collected Works*, ed. A. H. Taub, New York, Pergamon Press, vol. 6, pt. 477 – 490.

Watson, J. D. (1969) *The Double Helix*, New York, New American Library, a Signet Book.

White, L. A. (1947) "The locus of mathematical reality," *Philosophy of Science*, vol. 14, pp. 289 – 303; republished in somewhat altered form as Chapter 10 of White, 1949.

White, L. A. (1949) *The Science of Culture: A Study of Man and Civilization*, New York, Farrar, Straus.

White, L. A. (1959) "The concept of evolution in cultural anthropolopgy," in *Evolution and Anthropology: A Centennial Appraisal*, Washington, D. C. , The Anthropological Society of Washington.

White, L. A. (1975) *The Concept of Cultural Systems*, A Key to Understanding Tribes and Nations, New York, Columbia University Press.

Whitehead, A. N. (1933) *Science and the Modern World*, Cambridge, England. Reprinted in paperback, New York, Pelican Mentor Book, 1948. The New American Library.

Whyte, L. L. (1950) "Simultaneous discovery," *Harper's Magazine*, vol. 200, pp. 23 – 26.

Wiener, Chr. (1884) *Lehrbruch der Darstellenden Geometrie*, Leipzig, Teubner, 2 vols. (Vol. 2 was published in 1887).

Wigner, E. P. (1960) "The unreasonable effectiveness of mathematics in the physical sciences," *Communications on Pure and Applied Mathematics*, vol. 13; reprinted several times as, for example, in T. L. Saaty and F. J. Weyl (eds.), *The Spirit and Uses of the Mathematical Sciences*, pp. 123 – 140, New York, McGraw-Hill, 1969.

Wilder, R. L. (1932) "Point sets in three and higher dimensions and their investigation by means of a unified analysis situs," *Bulletin of the American Mathematical Society*, vol. 38, pp. 649 – 692.

Wilder, R. L. (1950) "The cultural basis of mathematics," *Proceedings International Congress of Mathematicians*, vol. 1, pp. 258 – 271.

Wilder, R. L. (1953) "The origin and growth of mathematical concepts," *Bulletin of the American Mathematical Society*, vol. 59, pp. 423 – 448.

Wilder, R. L. (1959) "The nature of modern mathematics," *Michigan Alumnus Quarterly Review*, vol. 55, pp. 302 – 312.

Wilder, R. L. (1965) *Introduction to the Foundations of Mathematics*, 2nd ed., New York, John Wiley & Sons.

Wilder, R. L. (1967) "The role of intuition," *Science*, vol. 156, pp. 605 – 610.

Wilder, R. L. (1968) *Evolution of Mathematical Concepts, An Elementary Study*, New York, John Wiley & Sons (referred to in text by "EMC").

Wilder, R. L. (1974) *Ibid.*, London, Transworld Publishers Ltd., Transworld Library Edition in paperback.

Wilder, R. L. (1978) *Ibid*, Milton Keynes, England, Open University Press.

Wilder, R. L. (1969) "Trends and social implications of research," *Bulletin of the American Mathematical Society*, vol. 75, pp. 891 – 906.

Wilder, R. L. (1973a) "Mathematical rigor, Relativity of standards of," in *Dictionary of the History of Ideas*, New York, Charles Scribner's Sons, 4 vols.; see vol. 3, pp. 170 – 177.

Wilder, R. L. (1973b) "Mathematics and its relations to other disciplines," *Mathematics Teacher*, vol. 66, pp. 679 – 685.

Wilder, R. L. (1974) "Hereditary stress as a cultural force in mathematics," *Historia Mathematica*, vol. 1, pp. 29 – 46.

Wilder, R. L. (1979) "Some comments on M. J. Crowe's review of Evolution of Mathematical Concepts," *Historia Mathematica*, vol. 6, pp. 57 – 62.

Zaslavsky, C. (1973) *Africa Counts*, Boston, Prindle, Weber and Schmidt.

Zirkle, C. (1951) "Gregor Mendel and his precursors," *Isis*, vol. 42, pp. 97 – 104.

索 引[①]

---

① 索引页码为英文版页码。——译者注

图书在版编目(CIP)数据

作为文化体系的数学/(美)R. L. 怀尔德著;谢明初,陈慕
丹译. —上海:华东师范大学出版社,2019
ISBN 978 - 7 - 5675 - 9067 - 0

Ⅰ.①作… Ⅱ.①R…②谢…③陈… Ⅲ.①数学－文化
研究 Ⅳ.①O1

中国版本图书馆 CIP 数据核字(2019)第 068613 号

作为文化体系的数学

ZUOWEI WENHUA TIXI DE SHUXUE

著　　者　[美]R·L·怀尔德
译　　者　谢明初　陈慕丹
责任编辑　李文革
项目编辑　平　萍
装帧设计　刘怡霖

出版发行　华东师范大学出版社
社　　址　上海市中山北路 3663 号　邮编 200062
网　　址　www. ecnupress. com. cn
电　　话　021 - 60821666　行政传真 021 - 62572105
客服电话　021 - 62865537　门市(邮购)电话 021 - 62869887
地　　址　上海市中山北路 3663 号华东师范大学校内先锋路口
网　　店　http://hdsdcbs. tmall. com

印 刷 者　上海展强印刷有限公司
开　　本　787×1092　16 开
印　　张　10.5
字　　数　175 千字
版　　次　2019 年 7 月第 1 版
印　　次　2021 年 6 月第 2 次
书　　号　ISBN 978 - 7 - 5675 - 9067 - 0/G·12000
定　　价　30.00 元

出 版 人　王　焰

(如发现本版图书有印订质量问题,请寄回本社客服中心调换或电话 021 - 62865537 联系)